住房城乡建设部土建类学科专业"十三五"规划教材
"十二五"普通高等教育本科国家级规划教材
高等学校建筑学专业指导委员会规划推荐教材

公共建筑设计原理

The Principle of Public Architecture Design

（第五版）

天津大学　张文忠　主　编
　　　　　赵娜冬　贾巍杨　修　编

中国建筑工业出版社

图书在版编目（CIP）数据

公共建筑设计原理 = The Principle of Public
Architecture Design／张文忠主编；赵娜冬，贾巍杨
修编．—5版．—北京：中国建筑工业出版社，2020.8（2024.6重印）
　　住房城乡建设部土建类学科专业"十三五"规划教材
"十二五"普通高等教育本科国家级规划教材　高等学校
建筑学专业指导委员会规划推荐教材
　　ISBN 978-7-112-25277-0

　　Ⅰ.①公…　Ⅱ.①张…②赵…③贾…　Ⅲ.①公共建
筑—建筑设计—高等学校—教材　Ⅳ.①TU242

　　中国版本图书馆CIP数据核字（2020）第112444号

责任编辑：杨　琪　陈　桦
责任校对：党　蕾

为了更好地支持相应课程的教学，我们向采用本书作为教
材的教师提供课件，有需要者可与出版社联系。
建工书院：http://edu.cabplink.com
邮箱：jckj@cabp.com.cn　　电话：01058337285
教师QQ交流群：817631317

住房城乡建设部土建类学科专业"十三五"规划教材
"十二五"普通高等教育本科国家级规划教材
高等学校建筑学专业指导委员会规划推荐教材

公共建筑设计原理（第五版）
The Principle of Public Architecture Design

天津大学　张文忠　主　编
　　　　　赵娜冬　贾巍杨　修　编
*
中国建筑工业出版社出版、发行（北京海淀三里河路9号）
各地新华书店、建筑书店经销
北京锋尚制版有限公司制版
北京市密东印刷有限公司印刷
*
开本：787毫米×1092毫米　1/16　印张：20¾　字数：459千字
2020年12月第五版　2024年 6 月第六十二次印刷
定价：**69.00**元（赠教师课件）
ISBN 978-7-112-25277-0
　　（36042）

近十年来，我国建筑行业处于一个重要的转型期。建筑实践仍然空前活跃，传统认知中对公共建筑的功能分类已经不能恰当地概括出新时期建设项目的类型特征，并且，不论在设计理念、空间组织还是功能配置方面，本土建筑师都表现得越来越老练与自信，更表现出对本土文化与地域特征的积极思辨，从而涌现出一大批优秀作品。与此同时，建筑教育也不断探索新的教学模式、充实新的教学内容，不管是培养计划，还是教学策划，都致力于打破藩篱，追求各种资源的整合与学科间的交叉协作。这种从认知，到实践，甚至学科界定的日新月异，既是各种创新的沃土，也让那些一直陪伴我们坚守初心的经典弥足珍贵。

张文忠先生主编的《公共建筑原理》从1981年第一版面世以来，直到2008年的第四版，在张先生及其他老一辈建筑教育工作者孜孜不倦的辛勤耕耘下，已经成为建筑学专业学生的必读书目，是一部当之无愧的经典教材。因此，我在2015年和2016年做本科二年级专业理论课《公共建筑设计原理》的教学策划时，毫不犹豫地将这部教材列为课程必修教材，并且以课前自主预习的形式让同学们每周提交读后心得体会。正是这每周近百篇的朴实小文，让我深切感受到，尽管建筑作为一种设计门类难免受到各种时尚与风潮的影响而呈现出阶段性的风格特点，但是，仍然有一些非常重要的原理性内容历久弥新，将张先生这样老一辈建筑教育家与我这样成长于世纪之交的中年教师、与更具有国际视野的新生力量紧紧联系在一起，我们跨越长久的时间之河，相聚于建筑设计原理之树。

2017年春，机缘巧合下，承蒙张先生爱人钟纫珠老师与学院领导的信任，我怀着兴奋而忐忑的心情承担了第五版的修编任务。后期，在与钟老师、中国建筑工业出版社陈桦主任沟通新版内容后，又有幸邀请到在建筑无障碍设计方面颇有建树的贾巍杨老师加入。为了保持这部经典教材的原汁原味，本次修编在保持原教材前五章的原理理论部分不变的前提下，仅新增了由贾巍杨老师编写的第6章"公共建筑的无障碍设计"，并将第四版教材中的"公共建筑实例选编"根据现今较为主流的公共建筑的功能类型，尽可能替换为2008年之后建成的相关典型案例，并从学生、建筑师本人与编者三个角度进行分析解读，既希望能够有助于读者更好地理解教材原理理论部分的内容，也尝试拓展读者对建筑作品本身解读的维度。衷心希望在新版出版发行后，能够得到专家、学者与读者的批评指正。

本教材在编写过程中，选编案例的图片除编者自摄以外，一部分由案例所属设计机构或建筑师本人授权提供，衷心感激各位建筑师对我国建筑教育的无私奉献与大力支持。此外，还有部分优秀案例因无法获得有效的联系方式，仍有个别图片未能联系上原作者，请图片作者或著作权人见书后及时与编写者联系沟通（邮箱 nadong_zhao@163.com），感谢各位作者的支持与谅解。

2021年9月本书获评住房和城乡建设部"十四五"规划教材。

当前我们所处的时间与空间既是世纪交替和变迁转折的年代，又是一个信息畅通、科技发达、文艺繁荣与人类文明飞跃腾升的年代。在这无比崭新而又辉煌的时代，作为建筑工作者义不容辞地肩负着建筑设计创作的重任。改革开放的浪潮已给建筑界创造了无比宽松的条件，社会的发展与观念的更新，无不促使人们向更深的层次思考问题。建筑作为一种人类的文化现象，它既有独具一格的一面，又有一定的滞后特点，远没有绘画、雕刻、戏剧、电影、文学等艺术形式那么敏感。但是建筑又能跨越时代，沉积出某个时代的艺术特色，因此有人把建筑称之为"凝固的音乐"和"立体的历史教科书"，是有着一定道理的。

作为建筑的一种类型——公共建筑，乃是人们进行社会活动不可缺少的环境和场所。因此，在城市建设中公共建筑居于比较重要的地位，因而它是一项社会性、艺术性、技术性等综合性很强的设计工作。在公共建筑创作中，将涉及适用、经济及美观之间的关系问题。早在公元前1世纪，罗马的建筑理论家维特鲁威在《建筑十书》（Vitruvius，De Architectura Libri Decem）中，明确地指出过，建筑应具备三个基本要求，即：适用、坚固、美观。梁思成先生在《建筑创作中的几个问题》一文中（《建筑学报》1961年第7期），曾对适用、经济、美观的问题作过精辟的论述，他认为："……'适用'是首要的要求，因为归根到底，那是建造房屋最主要的目的。这里面当然也包括了'坚固'的要求，因为'坚固'的标准首先要按'适用'的要求而定。'经济'……它是一个以最少的财力、物力、人力、时间为最大多数人取得最大限度的'适用'（以及美观）的问题，……。"多年来，在实践中我们已摸索出了适用、经济、美观三者的相互约制、相互协调和相互联系的辩证关系，这要视建筑性质、建筑环境、地方特色、审美要求及投资标准而定，绝不能过分地强调某一方面，使三者关系失调，导致不良的后果。因此，在功能关系合理，且在工程技术、物质条件和投资标准的具体情况下，创造出高超的艺术形式，同样是公共建筑创作中极为重要的问题。

一般在建筑分类中，主要的类型有居住建筑、工业建筑与公共建筑。在三大建筑类型中，公共建筑包括的类型是比较多的，常见的有：医疗建筑、文教建筑、办公建筑、商业建筑、体育建筑、交通建筑、邮电建筑、展览建筑、演出建筑、纪念建筑以及景观建筑等。公共建筑的设计工作，涉及总体规划布局、环境背景特色、功能关系分析、体形空间组合、结构形式选择、造型艺术创作等问题。其中，确立正确的创作思想和方法，恰当地处理好功能、技术、经济和艺术等方面之间的关系，则是一个关键的问题，同时也是做好公共建筑设计的基础。

公共建筑的空间组合，是和功能要求与精神要求以及一定的技术经济条件分不开的。也就是说，在设计中除去要考虑功能、技术、经济、艺术等因素之外，还需要考虑地区特点、自然条件、环境特色、民族传统、审美观点、规划要求等不同因素的影响。因此，一定建筑空间组合形式的产生，是综合考虑各种因素，全面而又统一地解决矛盾的结果。应当看到，在考虑公共建筑空间组合的问题时，技术条件是达到功能要求与精神要求的基础和手段。同时也应当看到，技术条件对实现功能要求和空间处理有着一定的制约作用和促进作用。建筑工作者，要充分发挥构思创意的高度技巧，使三者关系达到和谐统一，力求达到完美的境界。

基于以上的分析，在公共建筑设计中，既要了解矛盾的特殊性，也要研究矛盾的普遍性。本书将着重分析公共建筑设计中的共性问题，力求运用一般性的原则，阐明公共建筑中带有普遍性和规律性的问题，使读者从中了解到公共建筑设计中的一般原则和方法，使之获得指导实践、举一反三的效果。

本人主编的高等学校教学参考书《公共建筑设计原理》，从1981年12月首版发行以来，曾多次再版，供读者学习、参考和借鉴。20年来，此书已得到各方面的肯定和赞许。但这本书因受编写时代的局限性，存在着需要改进、增补以及删除一些内容和实例的问题。同时限于当时的出版条件，为了防止实例中的照片印刷质量不佳的后果，采用了以钢笔画的方法代替照片。此举似有真实性不够的弊端，但也有不少读者反映，原书中的钢笔画，对青年学生和初学建筑者有较好的欣赏和学习的价值。因此在本次修改书稿时，将保留被大家所肯定的文字内容和插图的表现形式，并在实录中增加了彩色与黑白的实例照片，与此同时，删改了与当代不相适应的文字内容，使这本教材在新的版本中，得到较好的改进。

总之，《公共建筑设计原理》（第二版）中，既重视理论的分析，也重视创作经验的归纳与总结，力求达到图文并茂，使其具备较强的逻辑性、知识性和阅读的趣味性。另外，为了加强环境方面的分析，在章节上作了调整和补充，例如原书中的第五章"公共建筑的室外空间组合"，改为第一章"公共建筑的总体环境布局"。另外在有关章节中，增添了室内设计的内容与论述，意在使新版书符合当今时代的要求。但本书毕竟是一本教材，只能为青年学生打个基础，不可能，也不应该把深广复杂尚待研讨的学术争论问题纳入教材之中。意在留有一定的思考空间，让青年学生们在逐步成熟的过程中，继续钻研和探索。如果本书能够起到这个作用的话，那就达到了编写的初衷了。

本书的1981年版，曾得到过清华大学建筑学院王炜钰、梁鸿文两位教授和天津大学建筑学院的方咸孚、王淑纯、高镇明诸位教授的支持与协助，再次表示感谢。希望《公共建筑设计》（第二版）的问世，能够得到读者和朋友们的指正，以利下次再版时修正，并愿此书能获得大家的喜爱，能在教学园地中开花结果。

本书主编：张文忠；实录：张文忠、方咸孚、王淑纯、高镇明；电脑文字处理：钟纫珠。参与第一版第三章编绘工作的还有王炜钰、梁鸿文。

张文忠

2000年7月5日

公共建筑是人民日常生活和进行社会活动不可缺少的场所。在城市建设中公共建筑占据着比较重要的地位，是我国社会主义建设中一项十分重要的工作，同时也是一项政策性、艺术性、技术性等综合性很强的工作。

公共建筑包括的类型是比较多的，常见的有：医疗建筑、文教建筑、办公建筑、商业建筑、体育建筑、交通建筑、邮电建筑、展览建筑、演出建筑、纪念建筑等。公共建筑的设计工作涉及总体规划布局、功能关系分析、建筑空间组合、结构形式选择等技术问题。但是否确立了正确的设计指导思想和善于运用辩证的方法去恰当的处理好功能、艺术、技术三者之间的关系，则是一个重要的问题，同时也是做好公共建筑设计的基础。

"适用、经济、在可能条件下注意美观"的方针，阐明了建筑中的功能要求、技术条件与艺术形象三者之间辩证统一的关系。在功能与经济合理，工程技术与物质条件允许的情况下，创造出人们喜闻乐见的艺术形式，同样是公共建筑创作中不可忽视的问题。

公共建筑的空间组合工作，是和一定的功能要求与精神要求以及一定的技术条件分不开的。也就是说，功能、艺术、技术是公共建筑空间组合的内因根据，不同的政治制度、民族传统、审美观点、自然条件、城市规划、经济水平等则是影响建筑空间组合的外因条件，因而一定的建筑空间组合形式的产生，是外因通过内因而起作用的结果。应当看到，在考虑公共建筑空间组合的问题时，技术条件是达到功能要求与精神要求的手段。同时也应当看到，技术条件对实现功能要求和空间处理有着一定的制约作用和促进作用。建筑工作者，要充分发挥主观能动性，使三者关系达到高度的统一。

在公共建筑的设计过程中，既要了解其矛盾的特殊性，也要研究矛盾的普遍性。本教材着重分析公共建筑设计中的共性问题，力求运用一般性的原理，阐明公共建筑中带有普遍性和规律性的问题，使读者从中了解到公共建筑设计中的一般原则和方法。

*　　*　　*

本书由天津大学建筑系主编、南京工学院建筑系主审。在编写过程中，得到了同济大学、重庆建筑工程学院等单位的支持和帮助。

编审工作的分工如下：

主编：

文字编写和插图部分：天津大学建筑系　张文忠（其中第三章曾由清华大学建筑系王炜钰、梁鸿文提供过初稿）

建筑实录部分：天津大学建筑系　高钤明、王淑纯、张文忠、方咸孚

主审：

南京工学院建筑系　钟训正、鲍家声

1981年12月

目 录

第 5 章

公共建筑的空间组合综合分析

第 6 章

公共建筑的无障碍设计

第 7 章

公共建筑实例选编

第1章

公共建筑的总体环境布局

1.1 总体环境布局的基本组成

建筑工作者与其说是运用构思创意与设计技巧创造美好的建筑，不如说是给人们创造美好的环境，所谓环境应具科学、技术、艺术的内涵。众所周知，追求美的环境是人的本性，而优美的环境面貌与内涵，则是反映国家、城市、乡镇最突出和最鲜明的文明标志。然而，从哲理上讲，美丽不等于艺术，若将美升华为艺术，则需要人们不断地追求探索和精心创作。所以，公共建筑的环境艺术，总是把"生活环境"与"视觉艺术"联系起来，这就更加明确地说明了这一基本特性。因而作为建筑师，在开始创作公共建筑时，首先遇到的就是总体环境布局中的问题。所以一幢好的公共建筑设计，其室内外的空间环境应是相互联系、相互延伸、相互渗透和相互补充的关系，使之构成一个整体统一而又和谐完整的空间体系。我们在创造室外空间环境时，主要应考虑两个方面的问题，即内在因素与外在因素。公共建筑本身的功能、经济及美观的问题，基本上属于内在的因素；而城市规划、周围环境、地段状况等方面的要求，则常是外在的因素。在进行室外空间组合时，内在因素常表现为功能与经济、功能与美观以及经济与美观的矛盾，而这些内在矛盾的不断出现与解决，往往又是室外空间组合方案构思的重要依据。一般这些内在因素所引起的矛盾、解决的方法可以是多种多样的，究竟选择哪种方式好，需结合外在因素的具体条件和多种因素加以综合地思考与推敲，也就是我们经常讲的要"因地制宜、因时制宜和因材制宜"，方能找到较为理想的空间组合方法。因为合理的室外空间组合，不仅能够解决室内各个空间之间的适宜的联系方式，而且还可以从总体关系中解决采光、通风、朝向、交通等方面的功能问题和独特的艺术造型效果，并可做到布局紧凑和节约用地，使其产生一定的经济效益。此外，有机地处理个体与群体、空间与体形、绿化与小品之间的关系，使建筑的空间体形与周围环境相互协调，不仅可以增强建筑本身的造型美，又可丰富城市公共空间环境的艺术面貌。

室外空间环境的形成，一般需要考虑下列几个主要组成部分，即建筑群体、广场道路、绿化设施、雕塑壁画、建筑小品、灯光造型的艺术效果等。

1.1.1 室外环境的空间与建筑

一般公共建筑室外环境空间的构成，主要是依据建筑或建筑群体的组合，而其他诸如道路、广场、绿化、雕塑及建筑小品等，也是不容忽视的重要因素。因此，在室外环境空间中的建筑，特别是主要的建筑，常位于明显而又主要的部位。当形成一定的格局之后，将对其他各项因素加以综合性的布局，使之构成一个完整的室外空间环境。例如体育类的公共建筑，具有集散大量人流的特点，而这一特点既是室内空间组合的内在因素，同时也是室外空间组合的重要依据，因而常在体育建筑周围设置相当规模的室外疏散空间和停车场地，只有在满足这个基本要求的基础上，才能考虑配置绿化小品、灯杆路标等设施，显然在具体布局中主体建筑常形成室外空间构图的中心（图1-1）。

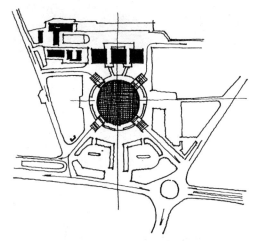

图 1-1 上海体育馆总体布局图

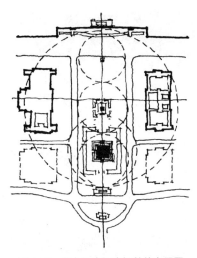

图 1-2 北京天安门广场总体布局图

图 1-3 意大利威尼斯圣马可广场

其附属建筑是室外空间组合的一部分，应与主体建筑相配合，围合成一个统一和谐的整体。

通过组合所形成的室外环境空间，应体现出一定的设计意图和艺术构思，特别对于某些大型而又是重点的公共建筑，在室外空间中需要考虑观赏的距离和范围，以及建筑群体艺术处理的比例尺度等问题。例如天安门广场，是以天安门为广场中轴线的重心，在中轴线上布置了高耸的人民英雄纪念碑和雄伟庄严的纪念堂，并与正阳门相对应，显示其广场的宽阔和有节奏的尺度变化，再加之东西两侧的人民大会堂和革命历史博物馆，使广场围合成为大尺度的空间。另外天安门至纪念碑之间，深长而宽广的砌石广场铺地与周围松柏绿地的围合处理，使室外空间的艺术效果更加突出（图1-2）。又如意大利威尼斯的圣马可广场（图1-3），因

图 1-4　国外某商业中心布局空间效果

建筑与空间组合得异常得体，取得了无比完整的效果。这个广场空间环境在统一布局中强调了各种对比的效果，如窄小的入口与开敞的广场之间、横向处理的建筑与竖向挺拔的塔楼之间、端庄严谨的总督宫与神秘色彩的教堂之间，采用了一系列强烈对比的手法，使广场空间环境给人以既丰富多彩，又完整统一的感受。所以美国建筑师老沙里宁（Eliel Saarinen）曾说过："许多不可分割的建筑物联系成为一种壮丽的建筑艺术总效果——也许没有任何地方比圣马可广场的造型表现得更好的了。"所以拿破仑曾把圣马可广场誉为"欧洲最美丽的客厅"，是中肯的，也是有道理的。从上述例子分析中，可以看出建筑体形对空间的形成所起的作用是相当重要的。

古典例子如此，近现代的建筑实践也是如此。例如国外不少城市的商业中心布局，各种商店建筑体形的处理，常与人们的活动空间有机地配合，构成统一和谐的室外空间整体。如图 1-4 所示，实体的墙面与空透的门窗、通透的过廊与高耸的建筑物等交织在一起，所形成的室外空间，充分体现出了商业建筑轻松活泼的性格特征，这种在特定条件下所形成的空间环境氛围，正是人们行为心理所需求的物质与精神上的场所。以此类推，其他类型的公共建筑所形成的总体空间环境氛围，同样是满足人们行为心理上的需求，也是单体公共建筑创作构思过程中的极为重要的一环。

1.1.2　室外环境的空间与场所

由于各种类型公共建筑的使用性质不同，

所要求的室外环境的空间也不同，一般可归纳为下列几种情况：

（1）开敞的空间场所（或称为集散广场）其大小和形状应视公共建筑的性质、规模、体量、造型和所处的地段情况而定。如影剧院、会堂、体育馆、铁路旅客站、航空站等类型的公共建筑，因人与车的流量大而集中，交通组织比较复杂，所以建筑周围需要较大的空间场所。图1-5为荷兰鹿特丹中央火车站的站前广场布局，从图中可以看出广场交通组织的重要性。又例如旅馆、宾馆、商店等类型的公共建筑，其人流活动具有持续不断的特点，因而交通组织比较简单，所以场所的布局可紧凑些（图1-6）。对于要求有安静环境场所的学校、医院、图书馆等类型的公共建筑，虽然人流不甚集中，但为了防止噪声的干扰，往往需要安排一定的绿化布置，作为隔离带（图1-7）。

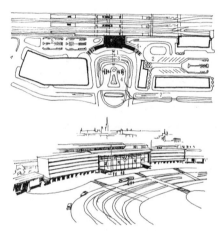

图 1-5 荷兰鹿特丹中央火车站总体布局
1—站房；2—小汽车停车场；3—有轨电车停车场；
4—公共汽车停车场；5—出租汽车停车场；
6—通向自行车库的坡道；7—立体交叉

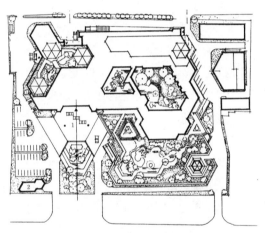

图 1-6 首都宾馆总体环境布置图
1—主体建筑；2—传达室

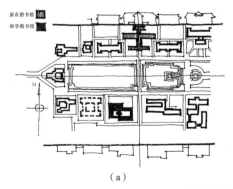

（a）

（b）

图 1-7 天津大学科学图书馆
（a）总体环境图；（b）效果图

在上述的公共建筑中，有的因为人流比较集中而要求比较空阔的场所，常形成一定规模的集散广场，而这种类型的广场往往根据各种流线的通行能力和空间构图的需要来确定其规模和布局形式。因为这类广场对城市面貌影响较大，同时在艺术处理上要求也比较高，因此需要充分考虑广场的空间尺度和立体构成等构图的问题，为人们观赏建筑景观，提供良好的位置与角度。图1-8是塘沽火车站总平面布局图，由于城市干道与广场斜交的特定状况，因而在考虑站前广场时，除了满足集散人流与组织车辆交通的要求外，还把圆形候车大厅的入口部分面对城市干道的轴线，人流在临近广场的干道上，就可以看到车站主体建筑造型的全貌，做到广场总体布局与建筑空间体形紧密配合、完整统一。

有些公共建筑，因为城市规划的要求，安排在道路的交叉口处。在这种情况下，为了避免主体建筑出入口与转角处人流的干扰，常将建筑后退，形成一段比较开阔的场所，这样处理有利于干道转角处车辆转弯时的视线要求，同时也有利于道路交叉口处的空间处理。图1-9的建筑与空间，就是这样处理的例子。

上述的场所空间环境设计，常常在满足基本要求的基础上，结合室外空间构图的需要，安排一定的绿化、雕塑、壁画与小品，借以丰富室外空间的艺术效果。北京炎黄艺术馆的建筑造型紧密地与室外绿地、庭院处理相结合，不仅美化与丰富了室外空间环境，同时也把主体建筑衬托得更加突出和亲切怡人（图1-10）。

（2）活动场地 有的公共建筑如体育馆、学校、幼儿园、托儿所等建筑类型，需要分别设置运动场、游戏场等室外活动场所（图1-11a、b、c）。而这些活动场地与室内空间

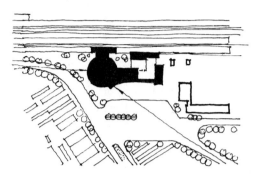

图1-8 塘沽火车站总体平面布局图

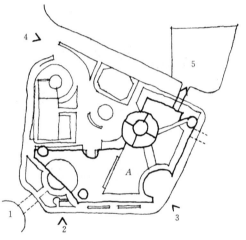

图1-9 南京新百大厦总体环境布局
A—主体建筑；1—新街口；2—商业入口；
3—主楼入口；4—办公入口；5—下沉广场

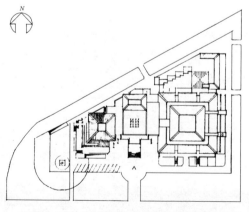

图1-10 北京炎黄艺术博物馆总体布局

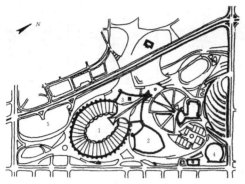

（a）加拿大蒙特利尔奥林匹克体育中心
1—体育场；2—赛车场；3—游泳馆；4—体育馆；
5—停车场

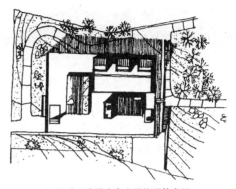

（b）瑞士洛桑市寄宿学校总体布局

（c）河南省某幼儿园总体环境布局

图 1-11

的联系是比较密切的，它们应靠近主体建筑主要部位（如比赛大厅、活动厅室）的出入口附近。室外空间场所的布置，除需要与建筑密切配合之外，还应与绿化、道路、建筑小品、围墙等组成有机的整体。

（3）停车场所　主要包括汽车、摩托车与自行车的停车场，尤其在大型公共建筑中，各种车辆特别是小汽车停车场，应结合总体环境布局，进行合理的设计。停车场的位置，一般要求尽量设在方便易找的部位，如主体建筑物的一侧或后侧，以不影响整体空间环境的完整性与艺术性为原则。如北京和平宾馆停车场设在主楼后部，不仅能达到上述要求，同时还利用建筑物的阴影遮盖车辆，在一定区域内防止

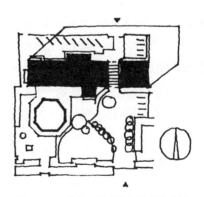

图 1-12　北京和平宾馆老楼总体布局

了烈日曝晒（图 1-12）。高层建筑或某些大型公共建筑在车辆较多的情况下，可以考虑利用地下停车场或立体停车场的方式，以节约场所用地。

对于聚集大量人流而疏散又比较集中的公共建筑，如体育建筑、演出建筑、交通建筑等，结合我国的实际情况，还需要考虑自行车停车场的问题。一般自行车停车场的布置，主要应考虑使用方便，避免与其他车辆交叉干扰，故多选择顺应人流来向而又靠近建筑附近的部位，但应重视环境空间的完整与美观，否则常会酿成混乱。

除上述主要场所外，大多数公共建筑还需要设置服务性的院落，如锅炉房、厨房等。一般为了出入方便，常设置单独的出入口。此外，这种服务性的院落常比较杂乱，因而多布置在比较隐蔽的地方，以保持主体建筑室外空间环境的完整性。

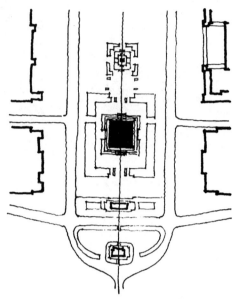

图 1-13　北京人民英雄纪念碑广场总体布局

1.1.3　室外环境的空间与绿地

在建筑室外空间组合中，绿化系统对于美化环境的作用是比较突出的。当然，在考虑绿化设计时，应尽量根据原有的条件，结合总体布局的构思创意，选择合适的绿化形式。有些公共建筑的总体布局需要采用成行成片的林荫路，以创造严谨对称、肃穆庄重的气氛，如北京人民英雄纪念碑的绿化环境布置格局（图1-13）。有的公共建筑，需要采用小巧的庭院，运用绿化、水池、柱廊、假山、亭子及建筑小品等手法，以创造开朗欢快的气氛。如埃及开罗尼罗希尔顿旅馆（图1-14），位于尼罗河畔，面向金字塔，其庭院设计紧密地结合这一环境特点，在绿化丛中布置了游泳池、空廊、水池以及网球场地，使室外空间显得异常轻松活泼，并带有浓郁的非洲热带气氛和色彩。

在绿化环境布置中，应依照公共建筑的不同性质，结合室外空间的构思意境，常以各种

图 1-14　埃及开罗尼罗希尔顿旅馆环境总体布置图

装饰性的建筑小品，突出室外空间环境构图中的某些重点，起到强调主体建筑、丰富空间艺术的作用。因此，常在比较显要的地方，如主要出入口、广场中心、庭园绿化焦点等处，设置灯柱、花架、花墙、喷泉、水池、雕塑、壁画、亭子等建筑小品，使室内外空间环境起伏有序、高低错落、节奏分明，令人有避开闹市

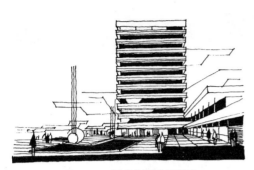

图 1-15　某商业街景环境图

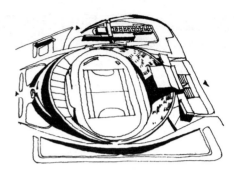

图 1-16　罗马自行车比赛场

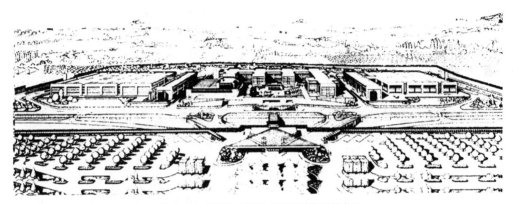

图 1-17　罗马意大利中央银行总体环境布局

步入飘逸之境的感受。这种过渡性的空间，似进入室内空间前的序幕，在空间构图序列中，是极为重要的。当然，建筑小品也不可滥用，要结合环境空间布局的需要巧妙地运用，力求达到锦上添花的效果，图 1-15 中的绿化、柱廊、旗杆、灯柱等建筑小品，起着陪衬主体建筑、丰富景观艺术氛围的作用。

在处理室外环境空间的组合中，还应注意出入口及区段道路的设置问题。一般公共建筑总平面的出入口应安排在所临的干道上，并与主体建筑出入口有比较方便的联系。但是有些公共建筑所处的地段并不与干道相临，这时也要考虑出入口与附近的干道有比较方便的联系，给人流活动创造通畅的条件。还有一些公共建筑物所处的地段，面临几个方向的干道，这就需要对人流的主要来向进行分析，把地段的出入口放在人流较多的部位上，而其他方向应根据需要设置次要的出入口。出入口的形式，可以处理成开敞的，也可以处理成封闭的，具体采用哪种形式，应视建筑的性质和风格而定。通常在大型公共建筑中，需要设置几个出入口，才能满足疏散功能的要求，图 1-16 系罗马自行车比赛场出入口的布置示例。此外，在室外环境空间布局中，依据建筑组合、绿化布置、庭园处理等方面的设计意图，需要考虑一定的内部道路，其布置系统应使室外诸多空间之间有机地联系，达到脉络分明、景观有序的完美效果。图 1-17 为罗马市意大利中央银行的总平面图，充分反映了这方面的布局特点。

1.2 总体环境布局的空间与环境

著名的加拿大建筑师阿·埃里克森曾说过"……环境意识就是现代意识"，因此在研究与思考问题时，首先应把公共建筑的空间和环境之间的关系摆正，方能探索建筑空间与环境的问题。世界现代派第一代建筑大师勒·柯布西耶（Le Corbusier）对这个问题分析道："……对空间的占有是存在之第一表征；然而任何空间都存在于环境之中，故提高人造环境的物理素质及其艺术性，就必然成为提高现代生活质量的重要构成因素。"在设计公共建筑时，应和其他类型的建筑一样，其空间组合不能脱离总体环境孤立地进行，应把它放在特定的环境之中，去考虑单体建筑与环境之间的关系，即考虑与自然的和人造的环境特点相结合，才有可能将建筑融于环境之中，做到两者水乳交融、相互储存、凝结成为不可分割的完美整体。在设计时，除对周围的广场、道路、建筑、绿化、小品等要素应有密切的联系与组合外，还应考虑周围的自然条件，如地形、地貌、朝向、风向等因素的影响，这些相互联系又相互制约的因素，通常又是公共建筑室内外空间组合不可缺少的依据条件。

总体空间的环境布局是带有全局性的问题，应从整体出发，综合考虑空间的各种因素，并使这些因素能够取得协调一致、有机结合。单体建筑对于整体布局来说，是一个局部性的问题，按照局部服从整体的设计方法，通常在考虑建筑设计方案时，总是先从整体布局入手，解决全局性的问题，继而解决局部性的问题，只有这样才能使单体设计有所依据。当然随着局部问题的深入发展，也要修正总体设计方案的缺欠，使总体布局与局部设计相协调。经过这样的反复推敲，随着设计思路不断地深入发展，有可能引发出建筑创作思路灵感的爆破性，继而能够创造性地捕获到较为优秀的和个性突出的设计方案。

实践证明，只有充分考虑整体环境的特色，才能处理好室外的空间关系。这是因为合理的总体布局，是取得紧凑的空间组合、良好的通风采光、适宜的日照朝向以及方便的交通联系等的必要基础。另外，合理的总体布局能够使建筑与周围环境之间做到因地制宜、关系紧凑，从而具有一定的经济意义。再者，合理的总体布局，能够比较妥善地处理个体与整体在体量、空间、造型等方面的良好关系，使建筑与周围环境之间相互协调，既能为建筑创造优美的气氛，还能起到美化与丰富城市面貌的作用，这在建筑环境艺术问题上，也是不容忽视的。

公共建筑室外空间环境设计，概括起来有三个方面，即利用环境、改造环境与创造环境。当然，这三个方面不一定单独出现，也不一定同时出现，而应视具体情况而定。有的利用原有环境成分多一些，有的则需要更多地对原有的环境进行改造，也有的对原有的环境既利用又改造，甚至为了使总体布局更加完整，还需要创造环境。总之，无论处于哪种情况，都需要把建筑与周围的空间环境设计成为一个统一的整体，使之尽量完美。

1.2.1 利用环境的有利因素

总体布局，尤其在室外环境造园方面，国

内外积累了极为丰富的经验。通常我们说在设计中要充分利用环境中的固有特色，系指以全局的观念，提炼空间环境中有利的因素，充分为当今的建筑创作服务，也就是造园学说中的因与借的辩证关系。远在 17 世纪，我国著名的造园家计成在《园冶》一书中曾指出过，造园要"巧于因借，精在体宜"，欲得其"巧"，就需要下一番取其精华、去其糟粕的功夫。如计成所云"俗则摒之，嘉则收之"的精粹所在，只有达到摒俗收嘉，才能使室外环境的空间布局收到得体合宜的效果。若只强调客观的"因"而忽视主观的"借"，在环境设计中听任自然条件的支配，必然使总体布局陷于自然主义或僵化呆板的地步。但是，若忽视客观的"因"，即自然景观中的有利因素，追求脱离环境氛围随心所欲的所谓"设计意图"，这样会使室外环境的空间组合产生矫揉造作、故弄玄虚的不良后果。上述的两种片面倾向，都会损坏室外环境空间的协调统一。正确的因借关系，或者说利用环境的正确途径，乃是在充分考虑公共建筑本身的基础上，运用周围自然环境景观的特点，使室外环境的空间组合达到水乳交融、有机联系的境界。

下面以扩建前的北京和平宾馆为例（图1-18），说明如何利用环境。和平宾馆是一所普通标准的旅馆，位于城市中心附近较为隐蔽的小街内，所处的地段异常狭窄。为了充分利用这一地形的特点，主体建筑采用了"一"字形布局，与前边的低层餐厅组合成为一个整体。前院留有一定的庭院空间，大楼后边设有停车及供应物品的场所。前后院的空间通过主楼东侧的过街楼沟通，使总体环境空间布局主次分明，建筑位置适中，院落大小得体，绿化配置有趣，道路联系方便。尤其在前院入口

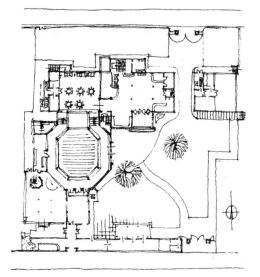

图 1-18　和平宾馆总体环境布局

处，保留了原有的两株大树，这样处理不仅充分利用了原有的环境条件，做到了"多年树木，碍筑檐垣，让一步可以立根……"的造园原则，而且起到了画龙点睛、亲切宜人及丰富环境的良好效果，是利用环境特色、突出主体建筑的良好范例。

有的公共建筑借助室外空间中的园林处理来延伸室内空间，构成一个综合的统一体。所以在室外空间环境中，举凡山、水、石、木以及空廊、墙垣、石磴、小径等小品均可与建筑体形相呼应，形成具有一定意境的室外空间系统，使室内外空间相互渗透、相互延伸、相互因借，达到景中有室、室中有景的效果。广州的东方宾馆（图1-19），就是运用了我国传统的造园手法，使建筑与环境之间，形成一个有机联系的例子。平面呈"]"形状，北楼与旧楼错开，以半开敞式布局作为过渡性的绿化空间，新旧楼之间形成一个既宽敞又幽静的庭院环境。院内布置了水池、叠石、曲桥、小径、绿化等小景，不仅显得格外生动，而且底层的空廊、

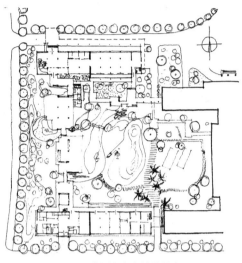

图 1-19 广州东方宾馆总体布局图

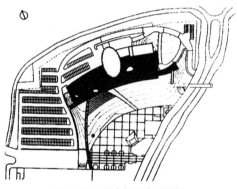

图 1-20 日本长冈音乐剧场

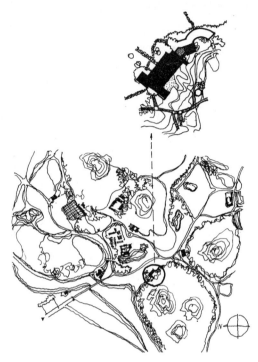

图 1-21 桂林月牙楼环境位置图

休息厅、冷饮厅、游艺区非常连贯，比较自然地延伸了空间，使之内外呼应，变化有序，于有限中见无限。日本长冈音乐剧场（图 1-20），位于千秋平原地带，该建筑附近有信浓川大河通过。因为地段环境比较开阔，在设计中突出了建筑造型与环境特色密切配合的创意，整体布局既舒展又紧凑。椭圆形的音乐厅与曲线的庭园绿化形成了一个曲折自然的整体，堪称是利用环境比较好的也是值得借鉴的例子。

在室外空间环境局部设计中，一般说应以建筑为主，地段环境为辅，即环境布置只起烘托作用。此外也应看到，主体建筑本身就是室外环境中不可缺少的一个组成部分，常可形成室外环境中的重点。例如广西桂林的月牙楼（图 1-21），是七星岩公园中的一个主要建筑，该建筑是主要游程中间的休息站和餐饮点，它位于普陀、骆驼、辅星、月牙诸山的腹地，是游人的主要活动场所，也是全园的构图中心，又是公园入口的对景。另外，这一带山腰旧有的凉亭、岩洞、奇石皆隐匿于古木浓荫之中，不易为游人所发现。所以月牙楼建成后，不但可以吸引游人，提高游览的景观效果，而且建筑本身还起到借景增色的作用，并使室外空间达到添景增韵的境界。处在这样环境之中的月牙楼，除满足用餐、品茶及观赏景观之外，在空间处理上还兼有开畅与幽邃的意趣，因而它既是疏林高阁，又是岩谷回廊。通过对月牙楼

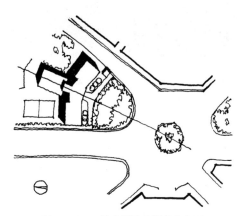

图1-22 天津贵州路中学总体布局

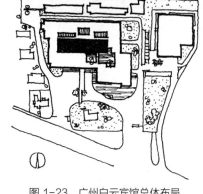

图1-23 广州白云宾馆总体布局

的分析可以看出，建筑与室外空间环境的关系，不仅仅是利用环境的关系，而是室外空间环境中不可分割的一部分，甚至可以是带动全局的构图中心。

在考虑室外环境的空间组合时，应对地段周围的规划、道路及建筑等情况作出周密的分析，才能因地制宜地做好总体布局设计。例如有的公共建筑，建在城市道路交叉口处，为了满足地段、道路、街景等特殊要求，一般在不损害建筑功能的前提下，应以环境特点为依据，比较自然地处理建筑的空间与体形，使建筑与室外环境达到和谐统一的效果。如图1-22所示，是一所中学总平面布置图，其地段处于六条道路的交叉口处，为弧状三角形地形，因此教学楼采用"Y"字形组合。这样处理既争取了好的朝向，又照顾了城市景观的完整性，达到了充分利用环境特点、丰富室外空间的目的。又如广州的白云宾馆（图1-23），在室外空间组合中利用了如下几个环境特点：南面临环市东路，距广交会展览馆仅4km；交通联系异常方便，附近的建筑和绿化设施比较完善。基地的东面和南面比较空旷，结合宾馆大楼的建造，逐步形成了该地区的中心广场空

间。另外，所处地段的土质较好，有利于建造高层建筑；基地大部分为山岗地，在此修建大楼既可少占农田，又可减少房屋的拆迁量。基于以上分析，白云宾馆的选址及总体布局是比较合理的。同时，在空间处理上以及建筑与绿化庭园的结合上，巧具匠心、自然生动。

从以上分析中可以看出，对于公共建筑来说，环境条件固然是个外部因素，但是室外空间组合能否有创造性，常常和利用环境的充分与否有关，要把握好既是密不可分，又是相辅相成的特性，才有可能做好室外的环境设计。

1.2.2 依照构思意图创造环境

公共建筑室外空间的环境设计，应利用环境中的有利因素，并充分发挥其中固有的景观特色，服从创意构思的需要，经过加工改造，使环境的意趣能为总体布局的设计意图服务，这在室外空间组合中，是一项极为重要的工作。但是，往往原来固有的环境条件存在着一定的局限性，或多或少地与设计意图相矛盾，甚至有时环境现状与设计意图存在着极大的矛盾，这时就应强调在保留有利因素的基础

上，着力改造原有环境中的不利因素，以适应环境设计的需要，在这方面古今中外建筑的优秀实例是屡见不鲜的。例如我国北京故宫的总体布局，为了体现封建统治阶级威慑森严的意图，在室外空间中，创造了严谨对称的建筑空间环境。如图 1-24 所示，从正阳门到太和殿，长达 1700m 左右，安排了五座门和六个大小形状不同的封闭空间。其中天安门、午门及太和殿，是故宫建筑艺术处理上的三个高潮。这一系列组织室外空间的手法，是利用长的、横的和方的等不同形状的院落，与不同体形的建筑物相配合，构成不同气氛的封闭空间，使人们有节奏地由一个院落进入另一个院落，获得由低到高、步步紧扣的感觉。从空间构图的序列中，由南至北，前面是矮小的大清门，两侧是廊子，形成一个狭长低矮的空间。北端是一个横长开阔的院子，北面矗立着高大的天安门，配以汉白玉的华表与金水桥，形成第一个高潮。继而入内，天安门与端门之间，是一个较小的方形院子，气氛顿觉收敛，然后又展现一个纵长的大院空间，以体形宏伟，轮廓多变的午门构成第二个高潮。太和门前的横长院子，因不装点绿化，气氛极为肃穆。在院子两侧以高低错落、大小不同的建筑群，衬托北侧白石台基上雄伟壮丽的太和殿，形成了第三个高潮。从以上建筑群体布局中，可以看出室外空间的组合，为一定的设计意图创造环境的重要性。如上所述，为了有节奏地突出高潮，一般把前边的次要院子处理得较为窄小，建筑也安排得比较低矮，使之与主要建筑物之间形成鲜明的对比，以突出每一空间中的主题。北京明清故宫，在创造空间环境气氛方面，是一个举世闻名而又异常突出的例子。又如布鲁塞尔国际博览会的德国馆（图 1-25），由八个大小

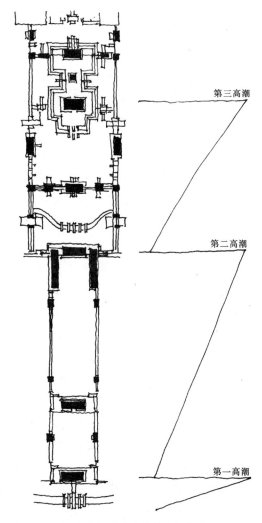

第三高潮

第二高潮

第一高潮

图 1-24　北京故宫总体布局图

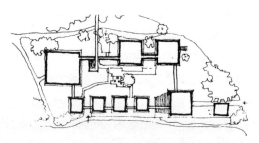

图 1-25　布鲁塞尔国际博览会德国馆总体布局

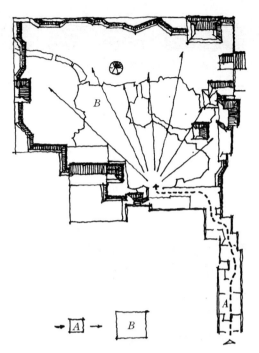

图 1-26　苏州留园总体环境布局图

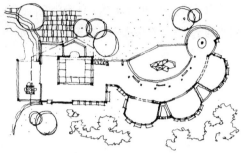

图 1-27　上海西郊公园金鱼廊布局

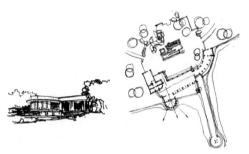

图 1-28　天津水上公园茶室总体布局

不同的方形馆组成，依自然地形通过天桥，围成一个比较生动活泼的庭园空间，使钢与玻璃筑成的展览馆群，空间体形配合默契，庭园意趣盎然，有机地结合成一个整体。当然，在运用造园技艺创造环境空间方面，我国古代的园林建筑尤为突出，以苏州园林留园为例，可以看到在创造环境方面的卓越成就（图 1-26）。另外，有不少新的公共建筑，在利用环境与创造环境上，在吸收传统经验的基础上，大多能赋予新意，并有所创新，其空间处理得宽敞开阔、明朗清新，充满了时代气氛。例如上海西郊公园的金鱼廊，以空廊围成半环状的开放空间，并在廊边堆以乱石，使观众在廊中观鱼的同时，观览庭园景色。同时廊子与湖边水榭相连，更增加了幽深而又丰富的意趣。这组新园既利用了湖边景色，又创造出新的环境，还运用了建筑空间的组合手段，创造了良好的休憩

与观赏的室外环境（图 1-27）。再如天津水上公园的茶室（图 1-28），原始地段后侧虽有林木曲径，前有广阔水面，但是在水面的尽处，只能远眺对岸稀疏的景色，缺乏中景的层次感，若对原有环境不加以改造，势必造成单调乏味的后果。所以该设计在临湖一侧原有的窄长半岛端部设立花架，从而增添了湖中景色的层次，加之半圆茶厅延伸于水中，使游客在室内就能环顾水上碧波荡舟的生动景色，起到了开阔视野的作用。另外，茶室的室外造型，也给广阔的湖面增添了观赏景点。

总之，建筑室外的具体环境条件，既有制约的一面，又有可利用的一面，也有经过加工改造可兹创新的一面。在具体设计时，应对周围环境的基础条件作周密的调查与研究，从整体布局出发，充分利用环境的有利因素，排除其不利因素，根据需要改造环境，甚至创造环

境，以满足设计创意的需求，使室外空间环境更加臻于完美。在解决问题的方法上，只能强调因地制宜与具体问题具体分析的方法，这一点颇与画论中所说的"画有法，画无定法"的道理有不少相似之处。也只有这样，才能使公共建筑的室外空间环境设计，得到较好的解决，沿袭这一思路探索室外空间环境问题，才有可能具有创造性。

1.3　群体建筑环境的空间组合

公共建筑群体空间组合，一般包括两个方面：一是某些类型的公共建筑在特定的条件下（如地形特点、建筑性质等），需要采用比较分散的布局，因而产生群体空间组合（图1-29）；二是以公共建筑群组成各种形式的组团或中心，如城市中的市政中心、商业中心、体育中心、展览中心、娱乐中心、信息中心、服务中心以及居住区中心等的公共建筑群等，也必然产生室外空间组合的类型。公共建筑室外空间组合问题，常针对建筑群体之间的组合而言，需注意环境设计的多体形、多空间、多层次、多内涵的组合技巧。

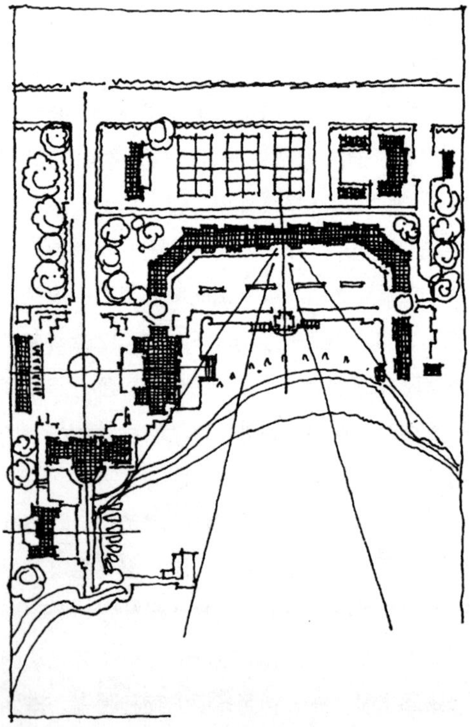

有的公共建筑类型，常因其使用性质或其他特殊要求，划分成若干单独的建筑进行组合，使之成为一个完整的室外空间体系，如医疗建筑、交通建筑、博览建筑、游览建筑等。大型医院的建筑群（图1-30），为了防止相互感染，争取较好的通风与朝向，创造益于医疗的绿化环境，多数采用分散式的空间组合形式，将门诊部、住院部、辅助部分及供应管理等，划分成若干单独的建筑，并把它们有机地组织起来，构成一个既能隔离又能联系的整体医疗环境，如北京积水潭医院总平面布局能比较突出地反映这个特点（图1-31）。塘沽火车站总体布局（图1-32），结合地段不对称的环境特点，采用分散的空间组合形式，在布局中通过空间与体形的处理，使建筑群与站前广场和站场比较自然地结合起来，并在外宾与通廊之间，布置庭园绿化，借以增强建筑环境空间的层次感。又如展览陈列性质的建筑群常采用廊子、矮墙等手段，将分散的建筑群体组织在一起，达到和谐统一的效果。武汉东湖的水

图1-29　群体建筑空间组合示例

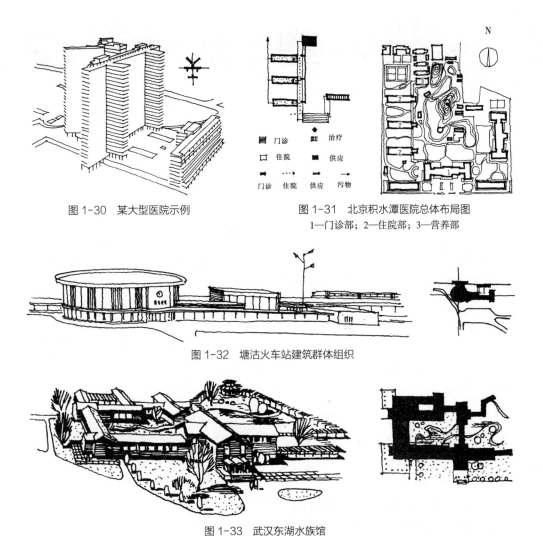

图 1-30　某大型医院示例

图 1-31　北京积水潭医院总体布局图
1—门诊部；2—住院部；3—营养部

图 1-32　塘沽火车站建筑群体组织

图 1-33　武汉东湖水族馆

族馆，在室外空间组合上，是一个比较好的例子（图 1-33）。至于某些游览性质的公共建筑，有时也常以建筑群体的空间形式出现，以利于创造良好的休息环境。因此，在设计时应体现出造型优美、环境怡人、风格多样、活泼开朗、趣味健康、统一和谐的效果。在考虑建筑群体组合的同时，还应密切结合周围环境的特点，使周围环境与建筑群之间密切配合。例如濒临湖边以求水映倒影、垂荫涟漪、相依相衬的效果；倚山傍谷以取丛林险露、幽深莫

测、叶动惊鸟之境；处于山顶之巅则显其盘山径取、凌空俯瞰、招云揽雾之势。总之，在考虑游览建筑室外空间组合时，应掌握灵活多变、自由得体、变化中求统一的原则，参见图 1-34。当然，比较灵活的室外空间组合方法，不仅限于游览建筑，其他如疗养性的公共建筑群、风景区接待服务性质的建筑群等，为了创造轻松活泼的气氛，也常采用这种方法。在这里需要强调一点，在采用灵活开敞的室外空间组合形式时，须防止松散，应以紧凑的空间布

图 1-34　苏州网师园空间布局

局与优美的艺术气氛，作为设计的探索与追求
的目标。

　　根据现代化城市的发展需要，在不少城市
及卫星城镇中，出现了商业服务中心、文化艺
术中心、体育活动中心或展览陈列中心、信息
网络中心等形式的室外空间组合类型，下面举
些常见的例子，以供学习和参考。

　　商业服务中心，一般包括影剧院、百货商
店、超级市场、冷饮店、照相馆、邮电局、书
店等。为了满足人们活动的需要，在环境空间
的中心地带，常安排广场、绿地、喷水池、建
筑小品等休息活动空间。在进行室外环境设计
时，应注意街景的轮廓线及欣赏点的造型处
理，巧妙地安排绿化、雕塑、壁画、亭廊、路
灯、招牌等设施，以体现室外空间组合的设计
意图。图 1-35 为某城市区中心的规划设计，
在总体布局中有电影院、商店、食品店、报刊
亭等公共建筑群。该建筑群的组合手法，采用
了内广场的布局形式，步行区与车行道有明确
的划分。其中群体建筑空间有大有小，有疏有
密；体形有长有短，有方有圆，使整体的室外
空间富于对比与变化和韵律强烈的节奏感。瑞
典斯德哥尔摩卫星城魏林比的商业中心，也是
典型的群体建筑空间组合的例子（图 1-36）。
该中心占地 700m×800m，在步行道路系统
中，安排了两个大型百货商店、70 个小型商
店、饭馆、咖啡馆、照相馆和商业办公建筑

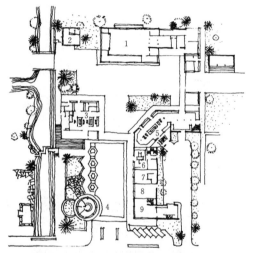

图 1-35　某城市区中心规划示例
1—电影厅；2—茶室；3—食品商店；4—报刊亭；
5—百货商店；6—书店；7—理发店；8—照相馆；
9—饭店

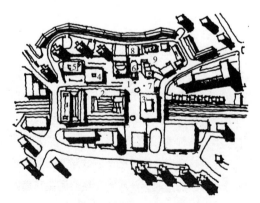

图 1-36　瑞典魏林比商业中心
1—商店；2—商业中心；3—商店与地下车站；
4—底层商店和诊疗所；5—剧院；6—电影院；
7—会议厅；8—青年俱乐部；9—图书馆

图 1-37　英国伦敦哈罗城市中心
1—城市干道；2—停车场；3—汽车站；
4—商店街；5—市场；6—中心广场

等。距离商业中心不远，还布置了两座电影院、一座剧院、一座供晚会或集会用的厅堂建筑、一个诊疗所和一幢图书馆，其次还安排了一个供 400 辆汽车停放用的三层地下车库。该中心的室外空间同样显现出高低、大小、长短的体量对比与变化，并具备统一协调的整体感。又如英国伦敦卫星城哈罗市中心（图 1-37），北部有市场、电影院，南部有会堂、市政大楼、办公楼、教堂等建筑群，并在市中心设置了步行区。靠近自然景色优美的地方，哈罗城市中心安排了各种用途的公共建筑群（图 1-38），与商业中心相毗连，可称珠联璧合。广场总体景观高低错落，从而获得了完美统一的效果。另外，由于建筑群位于自然的高地上，城市的主要道路虽然经过此地，但并不影响中心区的安静。该中心区有三个较大的广场，即：东部的行政广场、西部的文娱广

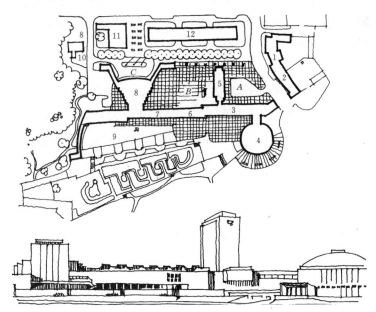

图 1-38　哈罗城中心区的建筑群体环境布局
A—行政广场；B—城市广场；C—剧院广场
1—警察局；2—消防站；3—会议厅；4—市政厅；5—市政办公楼；6—博物馆和美术展览室；
7—饭店；8—剧院；9—水池；10—小教堂；11—图书馆；12—商品陈列室

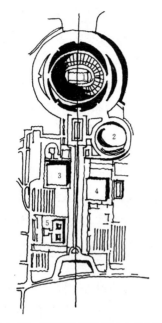

图 1-39　伊朗德黑兰体育中心总体布局
1—运动场；2—赛车场；3—游泳馆；
4—体育馆；5—新闻馆

场及中部的中心广场。这些广场所组成的室外空间环境，满足了人们不同活动的要求。高层办公楼的布置，起到了分隔行政广场与中心广场之间空间的作用。此外，会议厅可以俯视村镇的风貌，市政厅位于建筑的南端，平面呈圆形，从远处看，这组建筑的体量既平衡而又稳定，并能与高层建筑形成良好的对比效果。剧院所处的位置，与图书馆、商品陈列馆遥相呼应而又配合默契，堪称是一组极为和谐完美的群体空间环境。

在公共建筑类型中，有一种建筑群体是体育活动性质的，其空间与体形以及所需要的环境皆具有异常的独特性。伊朗德黑兰七届亚运会体育中心（图 1-39），是一个典型的例子。该中心距德黑兰 14km，背靠海拔 5600m 的德马万德山，中间有一个水色碧绿的人工湖，四周环以高速公路，环境优美怡人。该体育中

心可分三个部分：第一部分是以运动场为核心的主体建筑群，第二部分是五个比赛馆组成的建筑群，第三部分是射击场群体布局。在这个总体布置中，显然第一部分最为突出，它以一条宽阔笔直的大道为主轴，将庞大的运动场与正门联系起来，给人以雄壮有力的感受。在林荫大道两侧错开布置了游泳馆、新闻中心及体育馆等建筑群，室外空间环境开阔豁达而又轻松活泼，突出地表现了体育建筑的性格特征。综上分析可以看出，在群体建筑室外环境的空间组合中，建筑物的多寡不是实质性的问题，关键在于空间组合方法要有条理性与创造性。日本东京代代木游泳馆与球赛馆，是一个世人公认的建筑群范例。该建筑群中两建筑遥相呼应，构成完整的统一体。其中游泳馆容纳 15000 个座席，可兼作溜冰及日本柔道运动场地之用，屋顶是一个巨大的悬索结构体系，室内看台比较自然地形成倾斜的半月形，球赛馆可供篮球与拳击比赛等活动使用，可容纳 4000～5000 多人。两座建筑虽然采用了现代的技术与材料，但在造型方面却体现了日本建筑的风韵。另外，从整体上看（图 1-40），两组屋顶相映成趣，而且屋顶的伸出部分，比较自然地形成门厅入口处的标志，并与通往座席的坡道相联系，突出了体育建筑群的特色。

博览建筑所构成的建筑群，特点虽然与上述的商业中心、体育中心具有某些共同性，但在性格及气氛上却有着不少自身的特殊性。在设计时，需要密切结合展出的内容、形式以及建筑技术的具体条件，组织室内外的空间与体形。美国西雅图世界博览会（图 1-41）是一个突出的例子。该建筑群在总体布局中保留了原有的建筑，即：市级礼堂、溜冰场、纪念性体育场和一个纪念碑。这个中心在组合手法上

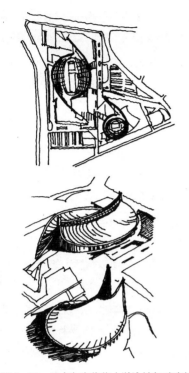

图 1-40　日本东京代代木游泳馆与球赛馆

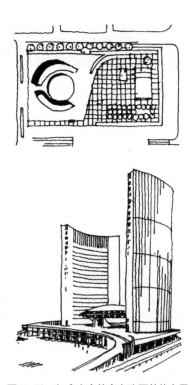

图 1-42　加拿大多伦多市政厅总体布局

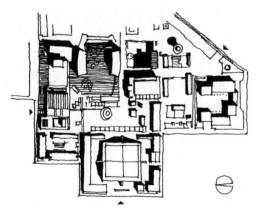

图 1-41　美国西雅图世界博览会总体布局

有一个突出的特色，即在室外空间环境中，运用院落划分成若干个比较规则的空间。其中有三组建筑群，分区极为清楚，即：位于西入口处的"21世纪"世界展览馆、南入口处的美国科学展览馆和北入口处的作为西雅图市中心的公共建筑群，其中有剧院、展览馆、溜冰场和歌剧院等。在这三组建筑中，无论是在功能分区与道路绿化布局上，还是在造型艺术处理上，都具有一定的独到之处。如高耸入云的瞭望塔与平缓连绵的展览馆，开敞的室外空间与封闭的庭园等形成的对比效果，均显得室外空间环境异常丰富，充分体现了博览建筑群轻松活泼的性格特征。

另外，还有不少国家的市政中心，多以群体建筑空间组合的方式出现。例如加拿大多伦多市政厅（图 1-42），以两个弧状的高层办公楼环抱着一个圆形的大会议厅所组成的建筑群，居于一个长方形的台座上，并在台座下面布置了各类服务用房和车库，构成了一个完整的空间体系。从性格上看，这样的组合方法与商业中心、体育中心及博览中心是有所不同

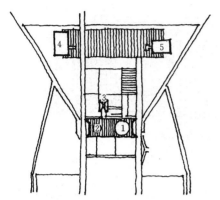

图1-43　巴西巴西利亚三权广场市政中心
1—联邦院；2—参议院；3—办公楼；
4—政府宫；5—高等法院

的，它显然表现了端庄严肃的气氛。又如巴西的巴西利亚三权广场的市政中心，将政府宫、高等法院、联邦院等建筑组合成一组建筑群环境，借以体现立法、行政与司法的形象（图1-43）。在三角形的广场空间中，每个角上各安排了一幢公共建筑，在三角形底部布置了政府宫和高等法院，三角形的顶部布置了国会建筑，这显然突出了国会建筑的重要性，再加之四周砌筑的虎皮石墙作为陪衬，更加表现出了极不寻常的壮观效果。其中政府宫分为四层，主要包括：总统办公室、礼堂、接待厅和其他办公用房。其布局与室外空间环境的组合以及

与三角形的广场处理极为统一和谐。而国会宫的设计尤为突出，将上院和下院两个集会场所布置在200m×80m的平台上，其一正一反的穹窿与27层高并联式的办公楼组合在一起，构成了新颖别致的造型效果（图1-44）。该建筑群显然在追求室外空间的对比效果，如高耸的办公楼与低平的会议厅、一正一反碗状厅堂、大玻璃墙面与乱石墙面质感等，这些都是丰富室外空间环境极为成功的艺术手法。

综上所述可以看出，公共建筑群体的空间环境所形成的各种类型的中心，在室外空间环境的组合问题上，可以概括出如下三个基本经验和看法：

• 一是从建筑群的使用性质出发，着重分析功能关系，并加以合理的分区，运用道路、广场等交通联系手段加以组织，使总体空间环境的布局联系方便，紧凑合理。

• 二是在群体建筑造型艺术处理上，需要从性格特征出发，结合周围环境及规划的特点，运用各种形式美的规律，按照一定的设计意图，创造出完整而又优美的室外空间环境。

• 三是运用绿化、雕塑及各种小品等手段，丰富群体建筑空间环境的艺趣，以取得多样统一的室外空间环境效果。

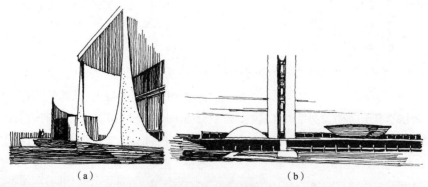

（a）　　　　　　　　　　　　　（b）

图1-44　巴西巴西利亚市政中心
（a）总统府；（b）国会宫

公共建筑的功能关系与空间组合

公共建筑是人们进行社会活动的场所，因此人流集散的性质、容量、活动方式以及对建筑空间的要求，与其他建筑类型相比，具有很大的差别。而这种差别，常反映出公共建筑功能要求的某些特性，因此在公共建筑空间组合中，就需要善于抓住这些特性进行深入的分析，并以此作为公共建筑设计的主要依据。同样，不同类型的公共建筑也常因其使用性质的不同，反映在功能关系及建筑空间组合上，必然会产生不同的结果。在公共建筑的功能问题中，功能分区、人流疏散、空间组成以及与室外环境的联系等，是几个比较重要的核心问题。当然，公共建筑中的功能问题，绝不仅仅限于上述这些问题，其他诸如建筑空间的大小、形状、朝向、供热、通风、日照、采光、照明等，皆是应当考虑的问题，在设计时应给予足够的重视。然而这些问题，在各类公共建筑专著或有关资料中都有比较详细的论述，这里不再赘述。本书意在抓住重点，通过对空间的使用性质及人流活动等基本问题的分析，以期深入了解公共建筑中共性的功能关系与空间组合的问题。

2.1 公共建筑的空间组成

公共建筑空间的使用性质与组成类型虽然繁多，但概括起来，可以划分为主要使用部分、次要使用部分（或称辅助部分）和交通联系部分。在设计中若能充分研究这三大块空间之间的相互关系，则可在复杂的关系中，找出空间组合的总体性和规律性。

如图2-1所示，有的空间使用性质划分得比较明确，如中学教室、实验室、备课室以及办公室等显然是主要的使用空间，而一些厕所、贮藏室等，虽然也属使用性质的空间，但与主要使用空间相比，居于次要地位。另外，走道、门厅、过厅、楼梯等空间，则是交通联系空间。但是，有些公共建筑空间性质的划分，不是那么明显，如图2-2是加油站，该建筑前部是营业厅和加油棚，属主要使用部分，而后边的休息室、盥洗室、贮藏室等为辅助部分，其交通联系空间虽没有明确划分，但实际上从营业厅的入口至辅助部分，是起着交通联系作用的。又如幼儿园建筑（图2-3），其中主要使用空间的活动室、卧室和辅助空间的盥洗室与厕所，常常组合在一起，但两者的使用性质和艺术处理是不同的。又如罗马尼亚的多英亚餐厅（图2-4），主要包括入口、餐厅与厨房三部分。其中餐厅是顾客的使用空间，厨房及备餐部分则是间接为顾客服务的辅助空间，入口部分是集散人流的地方。此外，餐厅与厨房之间还有交通联系的空间。作为主要使用空间的餐厅，又

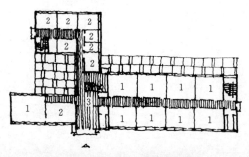

图2-1 上海南郊中学首层平面图
1—主要使用空间；2—辅助空间；3—交通联系空间

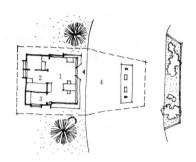

图 2-2　北京某加油站
1—营业厅；2—休息室；3—贮藏室；4—加油棚

图 2-3　幼儿园建筑平面组合图
1—主要使用空间；2—辅助空间；3—交通空间

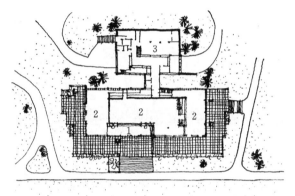

图 2-4　罗马尼亚多英亚餐厅
1—门厅；2—餐厅；3—厨房

有用餐、小卖、饮酒等部分，次要使用空间的厨房有主食、副食、库房、备餐厅等，但是在组合空间时，依然可以按使用性质划分成使用、辅助、交通三大块空间，并依照其所处的具体条件和要求，抓住主从关系，进行空间组合。为了进一步分析这个问题，下面再举一些规模较大的例子。图 2-5 是南京丁山宾馆的首层平面，从图中可以清楚地看出，主要使用空间的休息厅、餐厅、宴会厅及次要使用空间的卫生间、厨房、小卖、办公以及交通空间的电梯厅、楼梯间、走道等，三个部分的分区是非常明确的。其中门厅的位置能紧密地联系电梯、楼梯和主要的使用空间，使三部分之间，成为分区明确，关系紧凑，有机联系的整体。又如

电影院建筑中的观众厅、舞台等显然是供观众使用的主要空间，而放映室、售票室、办公室、厕所等则属于辅助性质的使用空间，前厅是人流集散的交通枢纽空间。此外，为了集散人流的需要，在观众厅内依然需要安排各种形式的交通联系空间。综合这三种空间的特性，并把它们紧凑合理地组合在一起，使之成为一个整体，才能体现出电影院建筑空间组合的特点（图 2-6）。再如一座组成复杂、规模较大的图书馆建筑（图 2-7），其阅览室、目录室、陈列厅、演讲厅、缩微图书室、电脑室等为主要使用空间，书库、借书处及办公室等为次要使用空间，而把出入口及各种通廊、走道、过厅等列为交通联系空间。经过空间归纳之后，

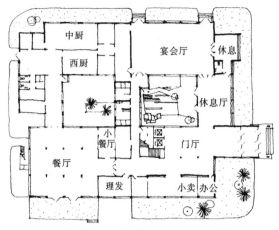

图 2-5　南京丁山宾馆首层平面

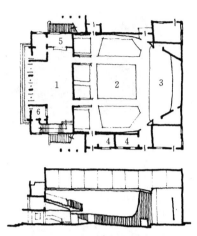

图 2-6　南京曙光宽银幕电影院
1—前厅；2—观众厅；3—舞台；
4—厕所；5—售票；6—小卖

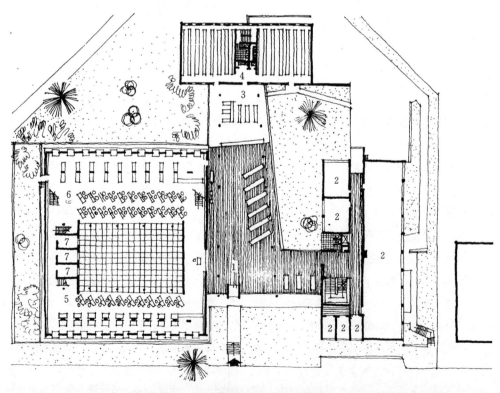

图 2-7　德国吉森大学图书馆平面图
1—门厅；2—办公；3—出纳厅；4—书库；5—期刊阅览室；6—普通阅览室；7—附属房间

进行空间组合就顺理成章了。

上述这些规模较大、组成比较复杂的公共建筑，虽然各种制约条件远比小型公共建筑要多，但是在进行空间组合时，依然能够按照具体的条件和要求，运用三大块空间的不同排列关系，组合出不同的方案。只有这样，才能使设计思路有条不紊地进行，并能因地制宜地解决各种设计中的矛盾。

以上仅仅对一些不同规模、不同性质的公共建筑进行分析，但以此类推，其他公共建筑的空间组成，也可以概括为使用、辅助、交通三大部分，进行方案设计。当然各部分中的小矛盾不是不需要解决，而是随着方案设计的深入再逐步地展开。然而这种逐步展开的思维方法，应以不失掉大的关系完整性为前提。

总之，空间的使用部分与辅助部分之间；主要使用部分与次要使用部分之间；辅助部分与辅助部分之间；楼上与楼下之间；室内与室外之间……，都离不开交通联系部分。一般把出入口、通道、过厅、门厅、楼梯、电梯、自动扶梯等称之为建筑的交通联系空间。更确切地说，一幢建筑是否合用，除需要充分考虑使用空间恰当的布置之外，还应考虑使用空间与交通空间之间的配置关系是否适当，交通联系是否方便等问题。交通联系空间的形式、大小和部位，主要取决于功能关系和建筑空间处理的需要而定。所以一般交通联系部分要求有适宜的高度、宽度和形状，流线简单明确而不曲折迂回，能对人流活动起着明确的导向作用。此外，交通联系空间应有良好的采光和照明，并应重视安全防火等问题。概括起来，公共建筑的交通联系部分，一般可分为水平交通、垂直交通及枢纽交通等三种基本的空间形式，下面分别加以论述。

2.1.1　空间组合中的水平交通

水平交通空间的布局，应与整体空间密切联系，要直接、通畅，防止曲折多变，具备良好的采光与通风。按使用性质的不同，可分为下列几种情况：

（1）基本属于交通联系的过道、过厅和通廊。如旅馆、办公等建筑的走道和电影院中的安全通道等是供人流集散使用的，一般不应再设置其他功能要求的内容，以防止人流停滞而造成阻塞的后果。

（2）主要作为交通联系空间兼为其他功能服务的过道、过厅或通廊。如医院门诊部的宽形过道，可兼供候诊之用，小学校的过道或过厅可兼做课间休息的活动场所等。

（3）各种功能综合使用的过道与厅堂。如某些展览馆陈列厅等建筑的过道，一般应满足观众在其中边走边看的功能。又如园林建筑中的廊子，应满足漫步休息与观赏景色的要求。

总之，过道的空间形式是多种多样的，可以是封闭的，也可以是开敞的或半开敞的，还可以是直线的或曲线的，或直线与曲线相结合的等空间形式。其形式除根据内容的需要外，还应服从建筑整体布局及空间艺术处理的需要。多数建筑的通道，以直线形居多，但也有因特殊的需要是弧线的。例如北京天文馆的天象厅是半球形的穹顶空间，所以围绕天象厅的通廊，比较自然地形成了圆弧线的形式，有利于组织观众的观赏活动（图2-8）。

公共建筑空间组合中的通道宽度与长度，主要根据功能需要、防火规定及空间感受来确定。在考虑通道的宽度时，分析人流的性质是关键，即：是单纯的人流活动，还是兼有携带物品的人流，或人流中混有运送物品的车流；

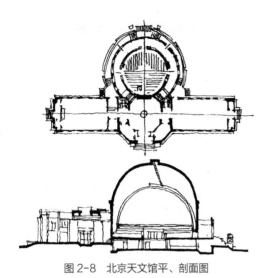

图 2-8　北京天文馆平、剖面图

共建筑过道的长度，应根据建筑性质、耐火等级、防火规范以及视觉艺术等方面的要求而定，其中主要是控制最远房间的门中线到安全出口的距离，应控制在安全疏散的限度之内。具体设计时，应按照国家颁布的有关规范，结合实际情况而定。

通道的采光，除了某些大型公共建筑可用人工照明外，一般应考虑直接的自然采光。在单面通道的建筑中，自然采光是没有问题的，而双面通道的采光则容易出现光线不足的问题。解决的办法，一般是依靠走道尽端开窗，或借助于门厅、过厅或楼梯间的光线采光，有时也可利用走道两侧开敞的空间来改善过道的采光。例如旅馆中的服务处、会客厅，医院中的护士站、门诊部的候诊厅、办公建筑的会客室等（图 2-9）。在某些情况下，也可局部采用单面通道（图 2-10）。此外，还可以利用走道两侧房间的门或亮子、高窗等措施进行间接采光。

之外还需考虑人流的方向、数量及门扇的开启方向等。一般在公共建筑中专供通行用的过道，宽度常在 1.5m 以上，例如旅馆、办公建筑要做到 1.5~2m 或者更宽些。学校建筑一般为 2~3m，医院门诊部为 3~4m 左右。公

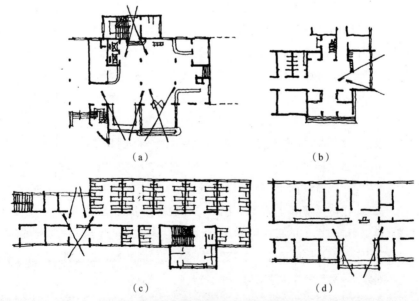

（a）　　　　　　　　　　（b）

（c）　　　　　　　　　　（d）

图 2-9　交通空间采光措施示例
（a）旅馆门厅；（b）办公楼会客室；（c）护士站；（d）门诊候诊厅

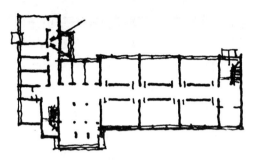

图 2-10　局部单面走道采光示例

综上所述可以看出，空间组合中的水平交通布置，应从全局出发，在满足功能要求的前提下，结合空间艺术构思的需要，力求减少通道、厅堂的面积和长度，这样不仅可以使空间组合紧凑，还可以带来一定的经济效益。诸如整体空间组合中，适当缩小使用开间、加大进深；充分利用走道尽端作为较大的房间；或在走道尽端安排辅助楼梯等措施，皆能达到布局紧凑、缩短通道的目的。

2.1.2　空间组合中的垂直交通

在公共建筑的空间组合中，作为垂直交通联系的手段，常用的有楼梯、电梯、自动扶梯及坡道等形式。

1）楼梯

公共建筑中的楼梯位置和数量，应根据功能要求和防火规范，安排在各层的过厅、门厅等交通枢纽或靠近交通枢纽的部位。其常用形式有如下几种：

（1）直跑楼梯　有的公共建筑依据实际需要，在解决人流集散问题的同时，也为了增强公共建筑大厅的艺术气氛，常用直跑楼梯与门厅空间的艺术处理相结合，借以丰富室内空间的通畅感、节奏感与导向感。直跑楼梯具有方向单一和贯通空间的特点，因而它可以布置在门厅对称的中轴线上，以表达其庄重性，如北京人民大会堂门厅内的中央楼梯（图 2-11）、天津大学老图书馆门厅的大楼梯（图 2-12）

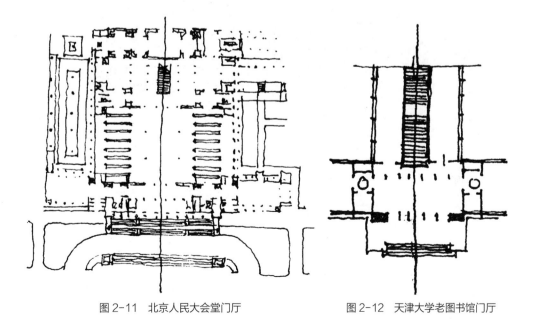

图 2-11　北京人民大会堂门厅　　　　图 2-12　天津大学老图书馆门厅

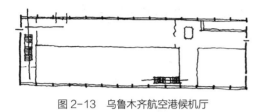

图2-13 乌鲁木齐航空港候机厅

等。但也有的公共建筑室内大厅气氛不需要那么严肃，而是将重点放在组织人流与创造灵活的空间气氛上，常将楼梯布置在人流比较集中，室内空间构图比较适宜的位置。这种例子比较多，例如乌鲁木齐航空港候机厅中的直跑楼梯（图2-13）是处理较好的例子。

（2）双跑楼梯 这种楼梯形式，既可作为公共建筑中的主要楼梯（图2-14），也可用于次要位置作辅助性的楼梯。如门厅中的楼梯直对入口布置时，第二跑楼梯会背向门厅入口，常产生不良的视觉效果。为使门厅空间保持完整和美观，应加以处理。在较宽敞的门厅中，可以将它横向处理或置于门厅一角，使门厅内部空间取得比较完整的效果（图2-15）。

（3）三跑楼梯 常用的形式有两种，即对称的与不对称的。对称的三跑楼梯，常用于对称布置的门厅中，以表达庄重的气氛，如图2-16所示。另外，有些公共建筑，按空间组合的需要，也可布置成不对称的三跑楼梯，如果与门厅或过厅结合得好，仍能取得统一和谐的空间效果。

一般性公共建筑，如中小学、普通旅馆、

图2-14 大厅双跑楼梯空间处理示例

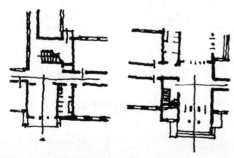

图2-15 门厅楼梯布置示例

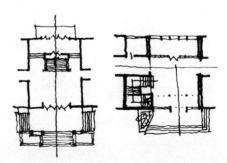

图2-16 办公楼三跑楼梯布置示例

影剧院等门厅的主要楼梯，其形式可以是单跑的、双跑的，也可以是三跑的，其中双跑的居多（图 2-17～图 2-19）。

除此之外，在某些公共建筑中还可使用旋转楼梯，以增加轻松气氛和装饰效果。有的公共建筑，人流疏散量比较大，采用剪刀楼梯，

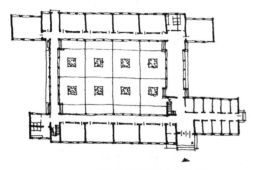

图 2-17　学校建筑楼梯布置示例

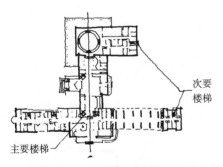

图 2-18　旅馆建筑楼梯布置示例

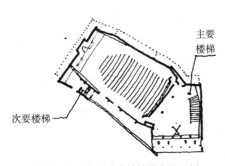

图 2-19　电影院建筑楼梯布置示例

不仅有利于人流疏散，而且还可以达到有效地利用空间的目的。

在公共建筑中，基于防火疏散的需要，至少需设置两部楼梯。两部楼梯需担负的人流大致相当，如学校、体育馆等类型的建筑。若人流疏散是均匀分布的，可将楼梯按同等要求进行布置，即楼梯之间可以不强调其主次关系（图 2-20）。

如果根据设计的需要，楼梯按主次要求进行布置时，可把主要楼梯布置在枢纽空间，次要楼梯安排在相对次要的地方，以辅助主要楼梯分解一部分人流。次要楼梯应与主要楼梯相配合，沟通建筑上下空间，使之成为一个相互连通的整体，共同起着安全防火、疏散人流的作用。诸如旅馆、办公楼、中小学等类型的公

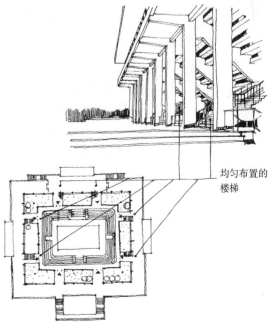

图 2-20　广西南宁体育馆楼梯布置示例

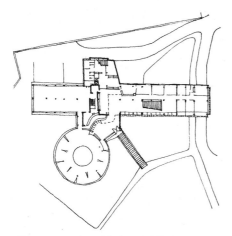

图 2-21　几内亚科纳克里旅馆楼梯布置示例

共建筑，常因突出一个交通枢纽，而比较自然地使楼梯有主次之分（图 2-21）。

公共建筑中的楼梯设计，反映在空间形式及处理手法上有它自己的特殊性。这是因为公共建筑室内空间艺术的处理要求较高，楼梯的具体形式与居住建筑和工业建筑相比也相对复杂一些。

2）坡道

有的公共建筑因某些特殊的功能要求，需要设置坡道，以解决交通联系的问题。尤其是交通性质的公共建筑，常在人流疏散集中的地方设置坡道，以利于安全快速疏散的要求。例如北京火车站的出站部分，就是以坡道的形式，把大量的集中人流，通过地道输送到出站大厅，达到快速疏散的目的（图 2-22）。又如，有的医院为了输送病人或供应医疗物资，也可采用坡道的形式（图 2-23）。有的公共建筑在主要入口前设置坡道，解决汽车停靠问题（图 2-24）等。

坡道的坡度一般为 8%～15%，在人流比较集中的部位，则需要平缓一些，常为 6%～12%。此外，坡道设计还应考虑防滑措施。因为坡道

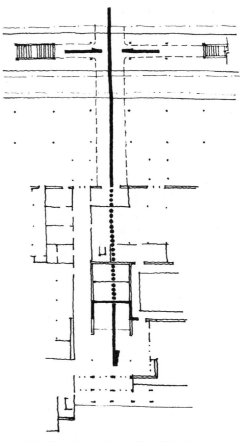

图 2-22　北京火车站出站口坡道空间布置

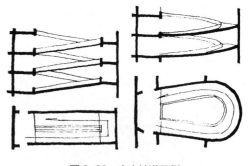

图 2-23　室内坡道示例

所占的面积通常为楼梯的四倍，出于经济上的考虑，除非特殊的需要如多层停车场外，一般在室内很少采用。

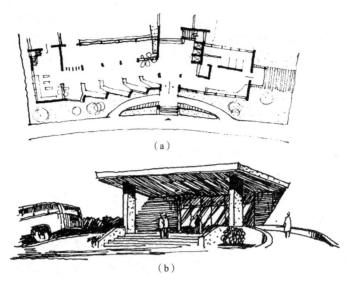

（a）

（b）

图 2-24　旅馆入口坡道示例

3）电梯

当公共建筑层数较多（如高层旅馆、办公楼等），或某些公共建筑虽然层数不高但因某些特殊的功能要求（如医院、疗养院等），除布置一般的楼梯外，尚需设置电梯以解决其垂直升降的问题。具体设计时应充分考虑如下几点要求：

（1）按防火规定的要求，配置辅助性质的安全疏散楼梯，供电梯发生故障时使用。

（2）每层电梯出入口前，应考虑有停留等候的空间，需设置一定的交通面积，以免造成拥挤和阻塞。

（3）在 8 层左右的多层建筑中，电梯与楼梯几乎起着同等重要的作用。在这种情况下，可将电梯和楼梯靠近布置，或安排在同一个楼梯间内，以便相互调节，有利于集散人流。

（4）在超过 8 层的高层公共建筑中，电梯就成为主要的交通工具了。往往因电梯部数多，可考虑成组地排列于电梯厅内，一般每组电梯不超过 8 部为宜，并应与电梯厅的空间处理相适应。

（5）因电梯本身不需要天然采光，所以电梯间的位置可以比较灵活。其位置主要依据交通联系是否方便来确定，通常可布置在建筑的中心地带。当然，有的电梯可露明装设，充分利用自然采光或人工照明，多形成装饰性强的景观电梯。

电梯位置宜选择在人流比较集中、明显易找的交通枢纽地带，如图 2-25 所示。

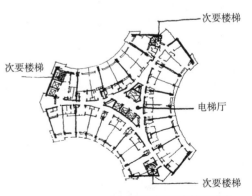

次要楼梯

次要楼梯

电梯厅

次要楼梯

图 2-25　罗马尼亚布加勒斯特洲际旅馆标准层

4）空间组合中的自动扶梯

在一些大型公共建筑中，往往因为人多而集中的特点，常选择具备连续不断乘载人流的自动扶梯，借以组织人流疏散问题，如百货公司、地下铁站、铁路旅客站、航空港等，参见图2-26。根据需要，自动扶梯在建筑中可以单独布置成上行的或下行的，也可以布置成上下行并列的，布置方式参见图2-27。

为了保证人们在使用自动扶梯过程中的方便与安全，一般自动扶梯的坡度较为平缓，通

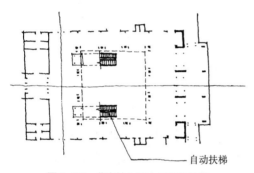

图2-26　北京站入口大厅自动扶梯

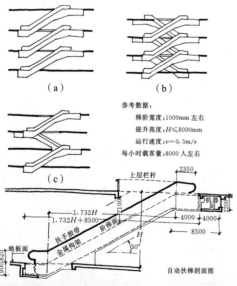

（a）　　　　　　　（b）

参考数据：
梯阶宽度：1000mm 左右
提升高度：$H \leqslant 8000mm$
运行速度：$v = 0.5m/s$
每小时载客量：8000 人左右

（c）

2350
上层栏杆
机器间
2100
1.732H
1.732H+8500
4000　4000
扶手胶带　阶梯面
8500
地板面
金属构架
H
30°
1900 820
自动扶梯剖面图

图2-27　自动扶梯布置形式及参考数据分析图
（a）单向布置；（b）交叉布置；（c）转向布置

常为30°左右。单股人流使用的自动扶梯，多采用810mm 的宽度，每小时运送人数约为5000～6000 人左右，运行的垂直方向升高速度为28～38m/min。

自动扶梯除具有上述的特性外，与设置电梯相比还具有如下几个优点：

（1）使人们可以随时上下，不必像电梯那样需要一定的等候时间，自动扶梯具备连续快速疏散大量人流的优越性。

（2）自动扶梯不需要在建筑顶部安设机房和在底层考虑缓冲坑等，比电梯占用空间少。

（3）发生故障时自动扶梯可作一般楼梯使用，而不像电梯那样，发生故障时产生中断使用的问题。

当然，自动扶梯的行程速度缓慢是一个缺点，其次对于年老体弱及携带大件物品者也是不够方便的。所以，在大型公共建筑中，在安装自动扶梯的同时，仍需考虑装设电梯或一般性楼梯，作为辅助性的垂直交通工具。

另外，在某些高层公共建筑中，装设连续升降的自动扶梯时，应充分考虑两部自动扶梯之间的衔接问题，要防止因衔接距离过大而造成使用上的不便。所以，为了空间紧凑、使用方便，常把自动扶梯交叉重叠布置（图2-27b）。有的高层公共建筑，为了提高自动扶梯的上升速度，采用跃层的布置，即若干层可直接升高的自动扶梯，以提高上升的效率。

2.1.3　空间组合中的交通枢纽

考虑到人流的集散、方向的转换、空间的过渡以及与通道、楼梯等空间的衔接等，需要设置门厅、过厅等空间形式，起到交通枢纽与空间过渡的作用。公共建筑的主要入口部

分，是空间组合的咽喉要道，既是人流汇集的场所，也常是空间环境设计的重点。如旅馆的交通枢纽处常设接待、住宿、用膳、乘车、邮电等服务空间；医院的交通枢纽处常设接待病人、办理挂号等候治疗、收费取药等空间；火车站的交通枢纽设有问讯、售票、邮电、小卖等项活动空间；而在演出建筑的交通枢纽中，常设有售票、存衣、检票、休息等内容的空间。因此，一般公共建筑中的门厅部分，除去需要考虑人流集散所需要的空间外，还需要根据公共建筑的性质，设置一定的辅助空间，往往将主要楼梯组合在门厅空间之中，起到引导人流、丰富空间、美化环境的作用。公共建筑交通枢纽的设计，主要依据两个方面的要求：一是功能方面的要求，二是精神方面的要求，下面将着重分析功能方面的问题。

公共建筑的门厅空间环境，除应满足通行能力的要求之外，还应体现一定的空间构思意境，如雄壮高大的宏伟感或曲折小巧的亲切感

图 2-28　门厅空间对比效果示例

等。而这些气氛的形成，是和一定的空间形状、大小等所构成的空间环境艺术气氛分不开的。但是确定适度的空间形状与大小是一个比较复杂的问题。如在门厅或大堂设计中，应力求具备合适的尺度感与明确的导向感。所谓厅堂的尺度感，系指人们对空间大小的适度感受。而这种视觉上的感受，不完全是建筑空间绝对尺度的反映，而往往以低衬高、以小衬大等一系列对比的手法，取得理想的视觉艺术效果（图 2-28）。如南京曙光电影院的门厅、北京火车站的门厅以及奥地利维也纳航空港的门厅枢纽空间，皆是处理较好的范例（图 2-29～图 2-31）。

图 2-29　南京曙光电影院门厅

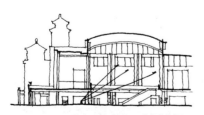

图 2-30　北京火车站门厅剖面空间
　　　　　对比关系图

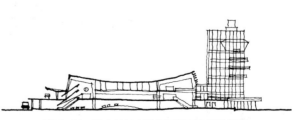

图 2-31　维也纳航空港门厅剖面空间关系图

在门厅空间环境的设计中，为什么压低了空间甚至缩小了面积，而人们常常感觉不到压抑或局促呢？这是因为在近代建筑中，由于技术的发展，有可能在压低空间的同时，相应地运用了开放空间的手法，如横向宽敞的开窗、灵活轻盈的隔断、平顶或墙面等无阻挡地引导、拓展等新颖的设计手法，使门厅空间环境得以向内外延伸或渗透，突破了封闭空间形式的局限，有效地获取了通畅而又开阔的空间环境。在门厅空间的环境中，除需考虑空间的尺度外，还应考虑空间的导向作用，即：如果门厅空间环境设计得好，则无需借助于标志的提示，即可将人流引导到需要去的方向。

在对称布局的门厅设计中，常采用建筑构图的轴线方法，展示空间的导向，以增强人流的方向感。因此，通过主轴与次轴的区分，表示空间导向的主要与次要，而交通厅常常是主次轴相交的枢纽空间。通常为了强调主轴的重

要性，常将主要的楼梯、电梯或自动扶梯等交通手段，明显地安排在主轴线上，以示空间强烈的导向性。例如北京火车站的广厅，有意识地将自动扶梯沿着中轴线对称布置，使得高耸的广厅与纵长的高架厅取得了豁然贯通的效果，其空间的导向性是异常显著的（图2-32）。又如北京美术馆的门厅（图2-33）既需要连

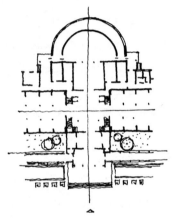

图2-33 北京美术馆门厅平面图

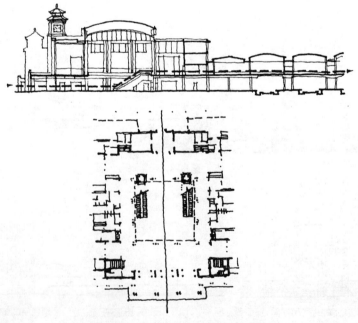

图2-32 北京火车站广厅平、剖面图

接两侧的展厅，又需要联系位于中央的半圆状陈列大厅，当人们步入门厅之后，给人感觉三个方向都是很重要的，只不过是中央陈列厅居于中轴线上，其部位显得更加突出。如果说美术馆的门厅空间在导向上显示出主次的话，那么门厅中的两侧楼梯，显然居于副轴线上，其部位显得比较次要，因而使观众进入门厅之后，并没有产生急于上楼的感觉，这就是轴线导向处理的结果。

不对称的门厅空间布局，系因自然地形、规划特点、功能要求、建筑性格等因素而形成的一种组合形式。它的导向处理，依然需要给予足够的重视，以强调方向感。图 2-34 为荷兰某市政厅的门厅，在室内除安排了单跑直上的楼梯之外，还运用了空间的高矮、墙面的明暗、地面的升降等手法，强调空间的方向感，特别是室外地面地毯状花纹的处理，使内外空间的方向感更加突出。北京和平宾馆老楼的门厅处理，也是采用了不对称布局的例子（图 2-35）。该门厅的楼梯和电梯设在入口的左前方，从入口处向左偏移了一个角度，为了便于引导人流，在楼梯前装以跌落的花台和台阶，比较自然地暗示了楼梯的部位。在门厅的左侧，以较大的开口通向友谊厅、餐厅等公共活动空间。尤其是门厅中的客厅，其位置既可避免干扰，又富于亲切的气氛。整个门厅的空间环境，达到了大小适宜、亲切怡人、方向明确的效果。

以上就门厅空间的尺度与导向两个重点问题进行了论述。当然门厅空间的处理，绝不仅是这两个问题，其他还有顶棚、地面、墙面的处理，色彩、质感、光影的处理，家具与装饰小品的处理等。这些内容的比例、尺度等构图问题，将在第 3 章中加以分析。

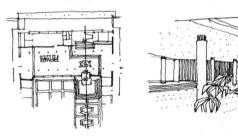

图 2-34　荷兰某市政厅的门厅空间效果

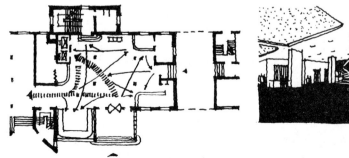

图 2-35　北京和平宾馆老楼门厅空间效果

一般公共建筑的门厅空间环境，还有一个室内外的过渡问题。这种过渡性的空间，通常可以形成为门廊、雨罩等形式，并与室外平台、台阶、坡道、花池、雕塑、叠石、矮墙、绿化、喷水池、建筑小品等结合起来考虑，具体处理的方法与建筑使用的性质密切相关。例如医院、宾馆等建筑的门廊，常设置坡道，以利汽车驶入门前，与门厅空间紧密衔接，起到空间过渡的作用（图2-36）。影剧院会堂建筑，往往因观众厅的视线要求而升起坡度，造成门厅外部的高台阶。因此入口部分的设计应与这一特殊要求相结合，解决好空间的过渡问题（图2-37）。总之，公共建筑的出入口部分，既是室内空间的过渡区域，也是室内空间的继续和延伸，它既有功能上的要求，也有艺术处理上的要求。此外，门厅出入口部分还需要有较好的天然采光和一定的照明措施，以满足上述的要求，如广州东方宾馆北入口的过渡

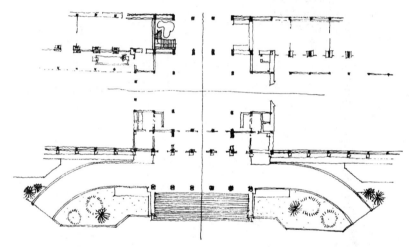

图2-36　北京饭店入口平面布局

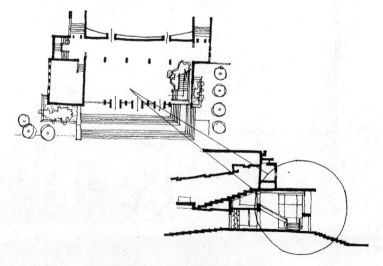

图2-37　广州友谊剧院门厅空间

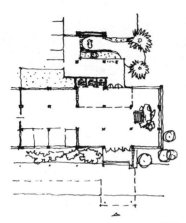

图 2-38　广州东方宾馆入口空间布局

空间，就是这样处理的例子（图 2-38）。

总之，门厅出入口部分，既是过渡性的空间，也是公共建筑空间组合的重点，在进行空间环境设计构思时，应满足使用方便、空间得体、环境优美、装修适宜、技术合理、经济有效等方面的要求，才有可能解决好这个不容忽视的问题。

2.2　公共建筑的功能分区

当进行设计构思时，除需要考虑空间的使用性质之外，还应深入研究功能分区的问题。尤其在功能关系与房间组成比较复杂的条件下，更需要把空间按不同的功能要求进行分类，并根据它们之间的密切程度按区段加以划分，做到功能分区明确和联系方便。同时还应对主与次、内与外、闹与静等方面的关系加以分析，使不同要求的空间，都能得到合理的安排。

不同类型的公共建筑对空间环境的要求，常存在着差别，而这种差别反映在重要性上，则有的处于主要地位，有的则处于次要地位。在进行空间组合时，反映在位置、朝向、采光及交通联系等方面，应有主次之分。因此，要把主要的使用空间，布置在主要的部位上，而把次要的使用空间安排在次要的位置上，使空间的主次关系顺理成章，各得其所。例如中学建筑，常包括教室、音乐室、实验室、行政办公、辅助房间及交通联系空间等几个不同性质的组成部分。很明显，从使用性质上看，教学部分应居于主要部位，办公次之，辅助部分再次之。这三者在功能区分上，应当有明确的划分，以防止干扰。但是这三部分之间，还应保持一定的联系，而这种联系，是在功能区分明确的基础上加以考虑的。如图 2-39 所示，在总平面布置中较好地体现了主次关系。

建筑空间组合的主次关系，反映在其他类型的公共建筑中也是如此。如商业建筑，在分清主次关系的基础上，在总体布局中，应把营

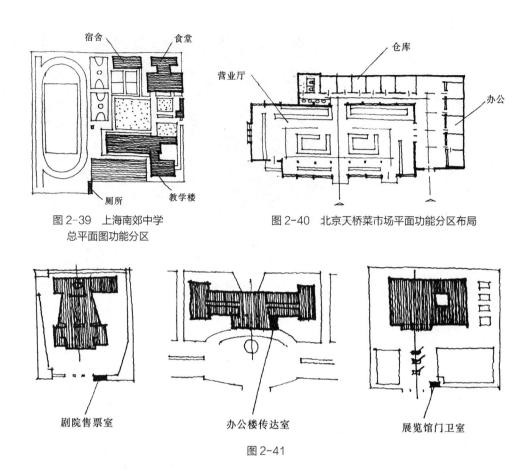

图 2-39 上海南郊中学
总平面图功能分区

图 2-40 北京天桥菜市场平面功能分区布局

剧院售票室 办公楼传达室 展览馆门卫室

图 2-41

业大厅布置在主要的位置上，而把那些办公、仓储、盥洗等布置在次要的部位，使之达到分区明确，联系方便的效果（图 2-40）。另外有些组成部分虽系从属性质，但从人流活动的需要上看，应安排在明显易找的位置上。例如影剧院中的售票室，行政办公建筑的传达室、收发室，展览建筑的门卫室等（图 2-41）。上述这些部分的使用性质虽属次要，但根据实际的使用要求，按人流活动的顺序关系，摆好它们的位置，也是不容忽视的。这就是说，功能分区的主次关系，应与具体的使用顺序密切结合，才能解决好这个问题。又如公共建筑中的辅助部分——厕所、盥洗室、贮藏室、仓库等，这些次要部分是相对于主要部分而言

的，并不是说它们不重要，可以任意安排。相反，应从全局出发，给以合理的解决。从某种意义上说，公共建筑中的主要空间能否充分发挥作用，是和辅助空间配置的是否妥当有着不可分割的关系。如影剧院中的厕所，若安排不当的话，不仅给观众带来不便，甚至还会影响观众厅的秩序和演出的效果。同样道理，一座图书馆建筑，尽管阅览室的位置、大小、座位、朝向、采光、隔声等功能居于主要的地位，但是如果书库的位置、容量等功能考虑不周的话，仍然会造成主次空间之间的矛盾，图 2-42~图 2-44 是这方面较好的示例。

对于各类组成空间的使用性质，有的功能以对外联系为主，而有的则与内部关系密切。

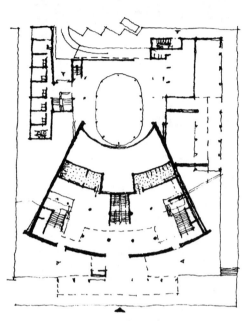

图 2-42　剧院平面布局图

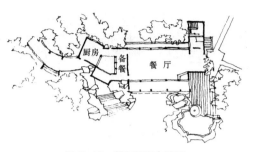

图 2-43　餐厅平面布置图

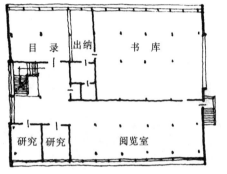

图 2-44　图书馆平面布置图

所以，在考虑空间组合时，应妥善处理功能分区中的内外关系问题。例如行政办公建筑，各个办公用房基本上是对内的，而接待、传达、收发等科室的功能，主要是对外的。因此，按照人流活动顺序的需要，常将主要对外的部分，尽量布置在交通枢纽的附近，而将主要对内的部分，力争布置在比较隐蔽的部位，并使其尽可能地靠近内部的区域（图 2-45 ）。另外，功能分区的内外关系，不仅限于单体建筑，还应结合总体布局、室外空间处理予以综合的考虑。例如运用庭园的绿化、道路、矮墙等建筑小品作为手段，把功能分区"内"与"外"的关系，解决得比较自然而又适用（图 2-46 ）。

另外，从空间与空间之间的联系与分割的对立统一观念中，引申分析功能分区的问题。即在各类公共建筑中，不同使用性质的空间之间，反映在功能关系上，有的要求密切些，也

有的要求疏远些。因而在分析功能关系的问题时，应当分析哪些部分需要紧密联系，哪些部分需要适当的隔离，而哪些部分既要联系又要有一定的隔离。在深入分析的基础上，使功能分区得到合理安排，才能为建筑空间组合工作打好基础。下面以医院建筑和托幼建筑为例，进一步分析这个问题，以利对功能分区的深入理解。

在一般医疗建筑的功能分区中，常将医疗部分、公共部分、服务部分等加以适当的隔离，起到防止交叉感染和便于管理的作用。与此同时，各部分之间也需要有一定的联系，使之用地紧凑，使用方便。尤其是门诊、辅助医疗、病房三大部分的功能分区更为突出。其中门诊部分，因各科室的服务对象不同，常常提出某些具体的功能要求。如内外科病人，一般约占门诊人次总量的 50% 以上，因此常要求

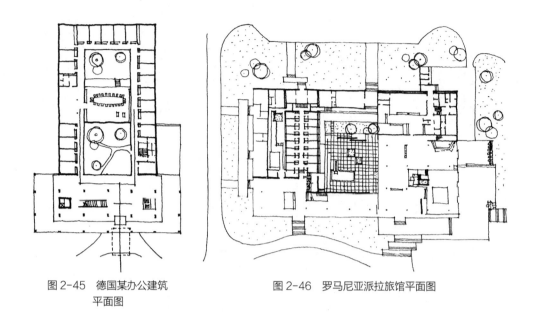

图 2-45 德国某办公建筑
平面图

图 2-46 罗马尼亚派拉旅馆平面图

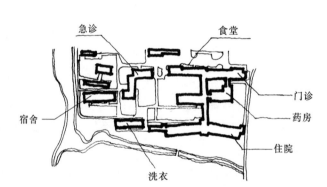

图 2-47 上海闵行医院总平面图

放在低层靠近出入口的部位。此外，为了照顾妇女儿童就诊方便和防止交叉感染，多布置在比较独立的部位。理疗部分是门诊和住院两部分共同使用的科室，所以需要布置在联系方便、分区适中的地方。例如图 2-47 是一个医院的总平面布置图例，它显示了功能分区的基本关系。其他类型的公共建筑也存在着功能分区的问题，只不过是功能分区的具体内容不同、程度不同以及使用要求不同而已。

以下再从"闹"与"静"的角度，论述功能分区的问题。例如幼儿园建筑中的卧室，应布置在比较安静、隐蔽的部位，而对于进行文体活动的音体室，则应安排在阳光充足、明显易找且与室外活动场所联系紧密的部位，在布局特点上往往要求开敞通透些（图 2-48、图 2-49）。这种"动"与"静"分区明确的布局，恰好反映了幼儿园建筑功能要求的特点。当然，还有不少的公共建筑，也在不同程度上具有动静分区的要求与特点，就不再重复赘述了。

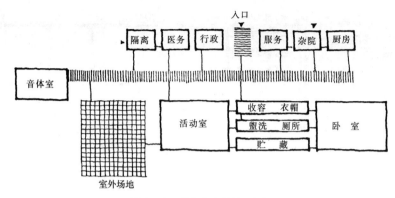

图 2-48 幼儿园功能关系图解

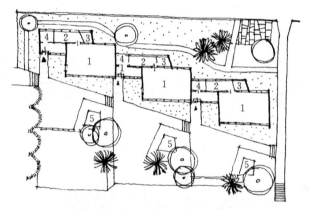

图 2-49 瑞士巴塞尔幼儿园总体布局
1—活动室；2—收容室；3—浴厕；4—贮藏；5—活动园地

2.3 公共建筑的人流聚集与疏散

不同类型的公共建筑，因使用性质的不同，往往存在着不同的人流特点，有的人流集散比较均匀，有的又比较集中。这些人流活动的特点，常通过一定的顺序或某种关系而体现出来。一般公共建筑反映在人流组织上，基本上可以归纳为平面的和立体的两种方式。

中小型公共建筑的人流活动一般比较简单，人流的安排多采用平面的组织方式（图2-50）。例如展览陈列性质的建筑，尤其是某些中小规模的展览馆，为了便于组织人流，往往要求以平面方式组织展览路线，以避免不必要的上下活动，以期达到使用方便的目的（图2-51）。有的公共建筑，由于功能要求比较复杂，仅仅依靠平面的布局方式，不能完全解决流线组织的问题，还需要采用立体方式组织人流的活动。例如规模较大的交通建筑，常把进出空间的两大流线，从立体关系中错开（图2-52）。也就是说，在组织流线时，将旅客

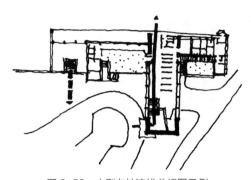

图 2-50　小型车站流线分析图示例

图 2-51　展览馆建筑流线组织示例

图 2-52　立体流线组织图解

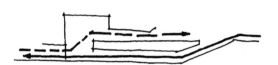

图 2-53　流线组织的剖面关系

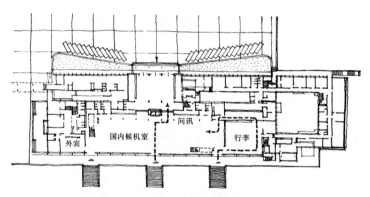

图 2-54　乌鲁木齐航空港首层平面图

大量使用的空间，诸如出入口、问讯处、售票厅、行包厅、候车厅等主要组成部分，依照一定的流程顺序，按立体的方式进行安排，使其整个流线短捷方便，空间组合紧凑合理（图2-53）（当然，有的交通建筑处于有较大高差的地段，可利用地形的特殊条件组织流线）。又如乌鲁木齐航空港（图2-54），利用地形坡度减少土方工程量：候机楼的一侧是停机坪，另一侧是停车场，停机坪低于停车场3m多高，这样就使整个人流活动产生了如图2-55所示的立体关系。但这是因地形高差而造成的立体关系，与上述的源于流线组织而形成的立体关系，是不完全相同的。

在某些公共建筑的流线组织中，往往需要

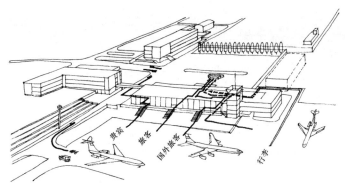

图 2-55　乌鲁木齐航空港流线图

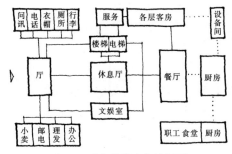

图 2-56　普通旅馆功能关系图解

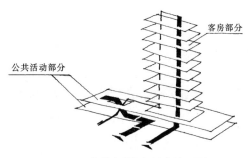

图 2-57　旅馆人流组织综合关系图解

运用综合的方式才能解决，也就是说，有的活动需要按平面方式进行安排，有的活动则需要按立体方式加以解决。下面以旅馆、影剧院（包括会堂）两种类型的建筑说明流线关系。

一般性的社会旅馆建筑，除了需要满足旅馆的食宿之外，还需要满足旅馆在工作上和文娱生活上的多样要求。另外根据所服务的对象，还要求设置一些公共的服务设施，如问讯、小卖、旅游、电信、餐厅等空间。因此，旅馆是一种综合服务性的公共建筑，既要保证旅馆有安静舒适的休息和工作环境，又要提供公共活动的场所（图 2-56）。因此，通常将客房部分布置在公共部分的上层，形成流线组织的综合关系（图 2-57）。

剧院、电影院、音乐厅等，同样是人流比较集中的公共场所，它本身具有某些特殊的要求，如满足视线和听觉的质量要求等。所以，在满足视线要求所形成的坡度下，观众厅的空间形式，应结合剖面的形式综合考虑。特别是大中型的观演建筑，常运用楼座的空间形式，解决观众厅的容量、视线及音质等方面的问题，因而就必然出现水平与立体两种人流组织的综合关系（图 2-58）。

因此，公共建筑空间组合中的人流组织问题，实质上是人流活动的合理顺序问题。它应是一定的功能要求与关系体系的体现，同时也是空间组合的重要依据。它在某种意义上，会涉及建筑空间是否满足使用要求，是否紧凑合理，空间利用是否经济等方面的问题。所以人流组织中的顺序关系是极为重要的，应结合各类公共建筑的不同使用要求，进行深入分析。

公共建筑的人流疏散问题，是人流组织中

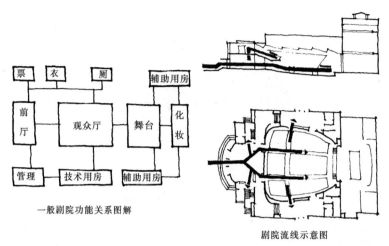

一般剧院功能关系图解

剧院流线示意图

图 2-58　剧场功能与流线组织

的又一个重要的内容，尤其对于人流量大而集中的公共建筑来说更加突出。公共建筑中的人流疏散，有连续性的（如医院、商店、旅馆等）和集中性的（如影剧院、会堂、体育馆等）。有的公共建筑是属于两者之间的，兼有连续和集中的特性（如展览馆、学校建筑等）。但是，在紧急情况发生时，不论哪种类型的公共建筑，疏散都会成为紧急而又集中的问题。因而在考虑公共建筑的疏散问题时，应把正常的与紧急的两种疏散情况全面考虑，方能合理地组织流线与空间的序列。下面以人流比较集中、疏散要求较高的公共建筑为例进行分析。

2.3.1　阶梯教室人流疏散的特点

在高等学校中，阶梯教室所容纳的人数，小型的为 90～150 人，中型的为 180～270 人，大型的为 300 人以上。其人流活动比较集中，在上下课交换班级时，常常依靠短暂的课间休息时间进行。因此要求人流的出入必须畅通，并应在交通枢纽地带设置一定的缓冲空间，如门厅、过厅等，以缓解因人流的过分集中而造成的交叉干扰。另外，当有数个阶梯教室时，为防止人流的过度拥挤和干扰，常采用分散的布局，以满足疏散设计的要求。对于阶梯教室人流疏散的组织，常用的有两种基本方法。

（1）出入口合并设置。这种方法多把出入口设在讲台的一端（图 2-59）。人流疏散时，自上而下，方向一致，从而可以简化阶梯教室与相邻房间的联系。但是这种方式，容易造成出入人流的交叉拥挤，因而常用于规模不大的阶梯教室。

（2）出入口分开设置。此种方法一般将入口设在讲台的附近，出口则布置在阶梯教室的后部，使人流经过楼梯或踏步疏散。同时，教室内部的通道，应与疏散口相连接。这种组织人流集散的方式具有干扰小、疏散快、不混乱等优点，所以常用于规模较大的阶梯教室（图 2-60）。当阶梯教室地面坡度升起较高时，可将出入口设在斜地面的下方，以充分利用空间（图 2-61）。

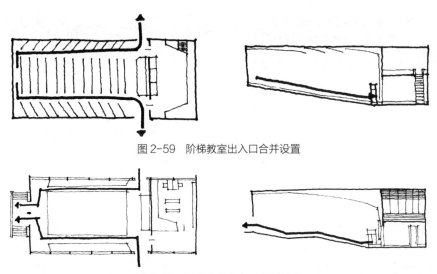

图 2-59　阶梯教室出入口合并设置

图 2-60　阶梯教室出入口分开设置

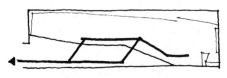

图 2-61　阶梯教室入口在斜地面下方

2.3.2　影剧院、会堂人流疏散的特点

电影院的人流活动多具有连续性，且各场次中间休息的时间一般较短，所以常要求入场口与散场口分开设置。但是出入口的配置，应密切结合总图的道路系统和室内席位的具体情况妥善安排，使疏散设计达到方便、安全、快捷的要求（图 2-62）。剧院、音乐厅、会堂的活动多属单场次，且演出时间较长，在演出过程中，常安排一定的休息时间，因而需要设置休息厅（一般入口可兼作疏散口，前厅可兼作休息厅）。因此在考虑剧院、音乐厅、会堂建筑的疏散时，需要密切注意缓冲地带人流的停留时间，切忌各部分之间的疏散时间失调，超过安全疏散的允许范围。当然，这类建筑的疏散设计，与材料、结构的防火等级、观众厅的席位排列、楼梯过道的具体布置等是密切相关的（图 2-63）。

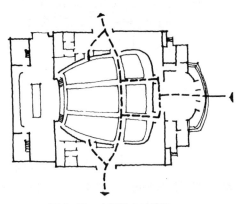

图 2-62　电影院人流疏散

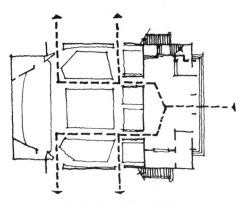

图 2-63　会堂人流疏散

2.3.3　体育建筑人流疏散的特点

体育馆容纳的观众席位远比影剧院多，特别是一些大型体育馆的观众容量，高达数万人，因而人流疏散问题更加突出。但是体育馆建筑的疏散要求也有它自身的特殊性，如比赛的场次，大多不是连续的，因此出入口可以考虑合用。另外，体育馆的席位，常沿着比赛场四周布置，故可以沿观众厅周围组织疏散。至于规模较大的体育馆，可以考虑分区入场、分区疏散、集中或分区设置出入口的方式。总之，体育馆建筑具有集散大量人流、疏散时间集中的特点，所以在安排人流活动时，应设置足够数量的疏散口，以满足安全疏散的要求。因而在组织安排人流上，常采用平面与立体两种方式的体系组织疏散（图2-64）。

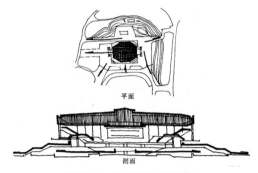

平面

剖面

图 2-64　体育建筑人流疏散

体育建筑的席位排列与交通组织，对疏散设计的影响颇大，常用的布置方式有两种：一是在观众席内设置横向通道（图2-65），即在同一标高疏散口之间的联系通道上。这种布置方式对于疏散是有利的，但若处理不当，容易造成减少席位、提高座席坡度以及在走道上走动着的观众干扰视线等缺点。二是只设纵向通道的方式，即以纵向通道直接通往各个疏散口（图2-66）。但是这种疏散方式，相对地会增加疏散口的数量和存在着损失席位的缺点。从疏散效果的角度来看，不如上一种疏散方式通畅。因此，目前一般大中型体育馆多采用第一种方式组织疏散，而小型体育馆，常采用第二种方式组织疏散。

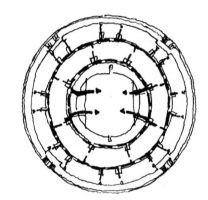

图 2-65　体育建筑设置横向通道

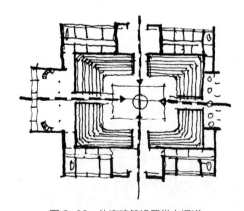

图 2-66　体育建筑设置纵向通道

以上所论述的是人流比较集中，疏散要求比较突出的几种公共建筑类型，其他类型的公共建筑也存在着人流疏散问题，只不过因其功能要求不同，考虑疏散问题的程度以及解决的方式不同而已，如中小学校、旅馆、医院、办公楼、展览馆等。但是，涉及这些类型的公共建筑，在设计时应将特殊的要求考虑进去，按照防火规定，充分考虑疏散时间、通行能力等问题，即可着力于组织不同方式的疏散设计。这些问题另有专著介绍，这里就不详加分析了。

通过上述的初步分析可以看出，在公共建筑设计中，疏散问题应是一个必须重视的功能问题，它与前述的空间使用性质、功能分区、流线特点等问题是不可分割的。所以，在考虑功能问题时应给予深入的分析研究，才能使疏散问题获得比较全面的解决。

以上只是着重从公共建筑空间的使用性质、功能分区、流线特点、疏散设计等方面分析功能问题的，但是在公共建筑空间环境的创作中，争取良好的朝向、合理的采光、适宜的通风以及优美舒适的环境等，同样也应给予重视，而且它们在一定程度上，甚至会影响建筑布局的形式。所以在考虑功能问题时，应结合具体的设计条件，进行综合的考虑，全面地分析问题和解决问题，方能把握住公共建筑设计的基础。

第 3 章

公共建筑的造型艺术问题

公共建筑的造型艺术涉及的内容是多方面的，本章从基本特点、室内空间、室外体形等方面为重点进行论析。当然，公共建筑的造型艺术问题，不仅仅是上述三个方面的内容，其中还包括民族形式、地域文化、构图技巧以及形式美规律等方面的问题，限于教材的深度和范围，不拟拓宽论述，拟在有关问题的论述中加以剖析。

3.1 公共建筑造型艺术的基本特点

公共建筑的造型艺术问题，基本上和其他类型的建筑一样，应遵循其普遍的原则，即在满足人们物质要求的同时，尚须满足人们的精神要求。因此，物质与精神上的双重要求，是创造建筑形式美的主要依据。一般来说，一定的建筑形式取决于一定的构思内涵，同时建筑形式常能反作用于建筑的内容，并对建筑内容起着一定的影响和制约作用。所以在对公共建筑进行造型艺术创作时，力求内容与形式达到高度的统一，才有可能获取完美的艺术形式。

多样统一既是建筑艺术形式普遍认同的法则，同样也是公共建筑造型艺术创作的重要依据。达到多样统一的手段是多方面的，如比例、尺度、对比、主从、韵律、均衡、重点等形式美的规律，则是经常运用的构图技巧。另外，公共建筑是由各种不同使用性质的空间和若干细部组成的，它们的形状、大小、色彩、质感等各不相同，这些客观存在着的千差万别的因素，是构成建筑形式美多样变化的内在基础。然而，它们之间又有一定的联系，诸如结构、设备的系统性与功能、美观要求的和谐性等，则是建筑艺术形式能够达到统一的内在依据。所以公共建筑艺术形式的构思，要求结合一定的创作意境，巧妙地运用这些内在因素的差别性和一致性，加以有规律、有节奏地处理，使建筑的艺术形式达到多样统一的效果。

值得注意的是，不同用途的公共建筑，在建筑艺术上是存在着不少差别的。例如办公楼、中小学校、医院等建筑，属大量性的公共建筑，反映在造型艺术上，只要做到简洁明快、朴素大方就可以了。而对于某些大型的公共建筑，如宾馆饭店、歌舞剧院、百货大楼以及一些重点建造的体育馆、展览馆等，不仅在功能上比较复杂，而且在造型艺术上，远比一般公共建筑要求高。此外，对于纪念性的公共建筑，在造型艺术上具有一定的特殊性，往往功能要求是比较简单的，甚至观赏就是它的精神方面的功能要求。所以应认识到，这类公共建筑在艺术性、思想性以及艺术技巧上，要求是相当高的，创作时应持审慎的态度。大量性与特殊性、一般性与重点性、游览性与纪念性等，需根据具体的情况做具体的分析，并应与经济条件与投资标准相适应。

另外，还必须弄清建筑艺术的特点与形式美的内涵。建筑艺术不同于其他作品的艺术形式，即：建筑语言不能像其他的艺术形式，它只能通过一定的空间和体形、比例和尺度、色彩和质感等方面构成的艺术形象，表达某些抽象的思想内容，如庄严肃穆、雄伟壮观、富丽堂皇、清幽典雅、轻松活泼等气氛。这些特性

图 3-1　埃及金字塔

图 3-2　罗马斗兽场

图 3-3　哥特教堂

既是建筑艺术形式的普遍性，同样也是公共建筑艺术形式的特殊性。这一特点在古今中外的建筑中概莫能外，如垒石成山的金字塔（图3-1）、规模宏大的罗马斗兽场（图3-2）、直矗入天的哥特教堂（图3-3）以及我国的气势磅礴的紫禁城和长城（图3-4）等古代建筑遗产，都在以特有的艺术形式，抽象地表达着统治阶级的威严和意志。又如反映现代生活和技术成就的高层与大跨度的公共建筑（图3-5），都雄辩地说明了建筑艺术形式所具有的特殊性。

公共建筑和其他建筑一样都具有供人们使用的空间，这一点也是建筑艺术区别于其他艺术作品所具有的最大特点。人们在一定时间内于建筑空间序列中活动，所产生的印象及所构成的综合艺术效果，因为有了时间因素，常称建筑艺术为四个向量的艺术。古代建筑如此，近代建筑更是如此。不注意这些特点，生硬地要求建筑形式体现各种所谓的思想内容，结果只能产生低级趣味，对建筑艺术的创作是有百害而无一利的。

在公共建筑艺术的创作中，把握形式美的

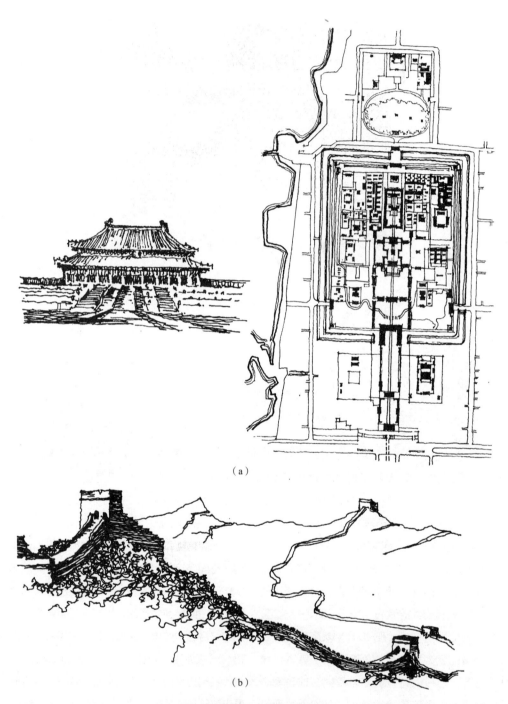

(a)

(b)

图 3-4 中国古代优秀建筑示例
（a）紫禁城；（b）长城

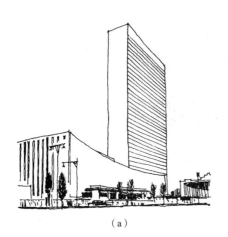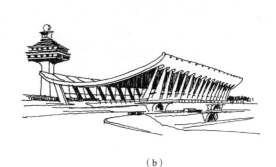

图 3-5　现代建筑示例
(a) 高层建筑；(b) 大跨建筑

规律，显然是至关重要的。形式美规律用于建筑艺术形式的创作中，常称之为建筑构图原理。这些规律的形成，是人们通过长时间的实践，反复总结和认识得来的，也是大家公认的和客观的美的法则，如统一与变化、对比与微差、均衡与稳定、比例与尺度、视觉与视差等构图经验。建筑工作者在建筑创作中，应善于运用这些形式美的构图经验，更加完美地体现出一定的设计意图和艺术构思。但是，也要看到形式美的创作经验是随着时代的发展而发展的，只要在创作中紧密地运用新的艺术成就和借鉴其经验与观念、技巧与手法，方能在建筑艺术构思中创新。

公共建筑艺术的特点，还反映在空间与实体这对矛盾的关系上，两千年前老子曾指出过"埏埴以为器，当其无，有器之用。凿户牖以为室，当其无，有室之用。故有之以为利，无之以为用"，精辟地论述了空间与实体的辩证关系。建筑的空间与实体，是对立统一的两个方面，抓住它并认真地去剖析，运用一定的构图技法把它解决好，则是建筑艺术创作中非常重要的核心问题。当然，建筑的艺术性不仅表现在实体的造型上，同时还表现在空间的艺术气氛上，而建筑空间形式的形成，是和一定的使用性质、创作意境以及一定的空间分割手段分不开的。另外，一定的建筑技术水平，常对建筑的空间形式具有很大的约束力，而建筑技术的不断发展，又给空间形式的创新，提供各种可能性，这一特点在公共建筑中尤为突出。为了更好地继承与革新，下面从建筑历史几个主要的发展阶段，粗略地回顾一下这个特点是很有必要的。

古埃及与古希腊时期所建的神庙，大多是以石材围成的室内空间。埃及神庙常以矩形的空间，沿着一条纵向的轴线，按照一定的序列组合而成（图 3-6）。在庙门牌楼外面设有较长的夹道，并于夹道两侧等距地安放着狮身人面像或圣羊像。为了加重空间气氛的神秘性，在封闭院内的正面设有大厅，厅内石柱如林；柱间空隙如缝，而空间依次地向纵深处层层缩小，侧墙相应地层层收拢；顶棚层层降低；地面也层层升高，最后将人们引向一间光线幽暗、神灯微明的斗室，运用这种手法所构成的空间艺术效果，只能产生压抑的神秘感。

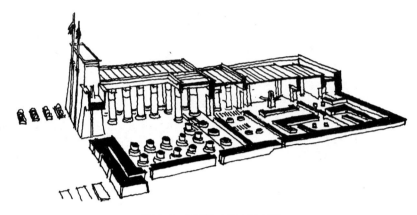

图3-6 埃及神庙的空间序列

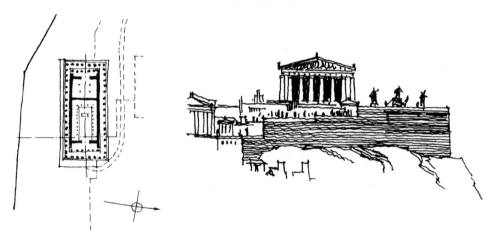

图3-7 希腊神庙

但是，同样用石材，希腊神庙的艺术处理就不像埃及神庙那么森严，而是带有原始人文的色彩，因而多为单一的矩形空间布局（图3-7）。古希腊建筑的室外常有巨大的柱廊作为空间的过渡，因而形成雄伟、庄严、简洁、明朗的风格，充分反映了该时期对"人化"了的神的崇拜，并在一定程度上歌颂了人的生活。尽管如此，由于粗笨的石结构对组织建筑空间的局限性，导致埃及希腊时期的建筑空间在几百年间变化甚微。这一点充分证明了，一定的结构形式对建筑空间创造的制约性。

罗马时期的建筑技术有了较大的发展，开始采用砖、混凝土、拱券结构，因而在建筑空间组合上，具备了更加优越的条件。从而在这个时期，第一次出现了较大跨度的建筑空间（图3-8），并出现了多空间组合而成的大型公共建筑（图3-9）。但是罗马时期建筑的空间形式，受着承重墙结构体系支配，其室内空间犹如从实体中挖出来的，这样组合的方法称之为用"减法"，而这一空间特点，对罗马建筑空间的发展，又产生了一定的局限性。

哥特时期的教堂，由于在结构上采用了小块砖石砌筑的尖形拱券，创造了飞扶壁平衡水平推力的结构体系，因而使室内空间灵活开阔

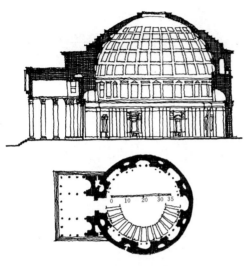

图 3-8　罗马万神庙

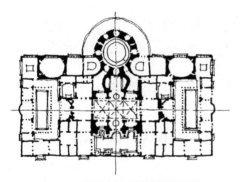

图 3-9　罗马卡拉卡拉浴场平面图

图 3-10　巴黎圣母院教堂

约，但是以单体建筑组合而成的群体空间，却是极为丰富多彩的，有庄重华贵的宫殿及森严神秘的庙宇，也有诗情画意的园林建筑（图 3-12）。

由于现代建筑急速不断的发展，人们对建筑空间与体形的观念，有了很大的更新和发展。建筑艺术形式的发展，固然与人的创作观念更新有关，但是建筑技术尤其是结构技术的飞跃发展，是一个极为重要的因素。当今，人类物质文化生活日趋复杂，促使在建筑创作中进行各种探索和尝试，尤其对建筑环境艺术方面的问题，是值得我们深入研究的。下面以演出类型的建筑为例，进一步说明由于时代特点和技术条件的不同，反映在空间形式和组合特点上就有很多的差异。如图 3-13 是我国清代供少数帝王官宦观戏的德和园大戏台。限于当时的演出方式和技术水平，舞台部分比较简单，且只设有极少的隔院相望的席位，这一示

得多（图 3-10），并增强了空间的连续感、韵律感与整体感。显然这种空间，也可称之为运用"加法"取得的。

西方建筑到了文艺复兴时期，在空间处理上更多地继承了罗马建筑的传统，因强调了人性，使建筑从宗教的气氛中解放出来，因而空间形式比过去任何时期都更加丰富多变和轻快和谐（图 3-11）。

在世界上独具一格的我国古代建筑艺术，几千年来大多数沿用着木构梁架体系，这种结构体系虽然使单体建筑空间受到一定的制

图 3-11　罗马圣彼得教堂

图 3-12　中国古典园林建筑——颐和园谐趣园

例充分反映了清代宫廷剧院空间的典型观念。建国初期在北京市建造的首都剧场（图 3-14），则装设了机械化舞台，创造了较好的演出条件和视听条件。这样组合的剧院空间，已远远超出了传统剧院的空间观念。在国外，由于演出形式的发展，有的强调演员和观众接近并使之融为一体，因而出现了环形观众厅包围舞台的空间形式，使观众厅和舞台两部分的空间组织在一个统一的大空间之中（图 3-15）。这说明了伴随着功能与技术的发展，导致剧院新的空间形式出现的必然性与可能性。

纵观现代公共建筑的发展，其功能的含义日益广泛和复杂，不仅需要满足人们心理上和视觉上的要求，而且改善和美化环境也成了普遍的要求。因此，现代公共建筑的空间组合，极为关注空间序列的整体感及架构的创造性。即总的构思是否满足了人流活动的连续性和空间艺术的完整性，则是当代公共建筑艺术

图 3-13　北京颐和园德和园大戏台

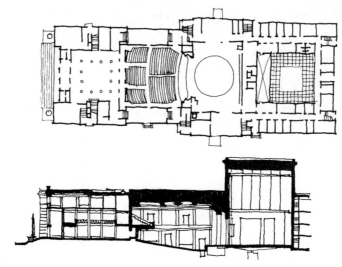

图 3-14　北京首都剧场

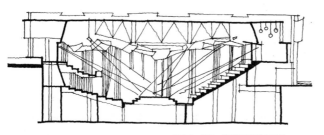

图 3-15　近代剧院示例

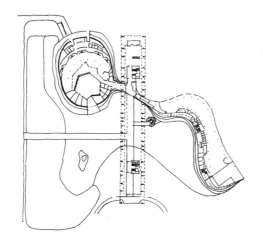

图 3-16　现代公共建筑示例

处理的重点。所以要充分考虑建筑空间与环境处理的配合问题，使它们之间能够达到相互渗透、相互因借、相互依存和有机联系。现代的公共建筑为了强调与环境的有机结合，不受对称格局的束缚，常采用因地制宜、变化自然的不对称格局。所以，在空间处理上不拘泥于个别空间的完整，而侧重于整体空间体系的统一和谐，并注意解决人们在运动中观赏各个空间所联系起来的综合效果。尤其在室内空间处理上，更加强调灵活性、适应性、可变性和科学性，从而打破了传统的六面体封闭空间的观念，代之以新颖别致、自由多变、生动新奇的

空间形式（图 3-16），使之富于生机勃勃、清新气息的时代精神。

综上所述，概括三点值得深入思考。

其一：多样统一应是所有的建筑环境艺术创作中的重要原则，当然也是公共建筑环境艺术创作的重要依据。因而在公共建筑艺术处理中应密切结合"公共性"这一基本特征，善于处理统一中求变化，变化中求统一的辩证关系。

其二：形式与内容的辩证统一，既是建筑艺术形式创作的普遍法则，也是公共建筑艺术形式美的创作准绳，因而需要正确解决内容与形式之间的协调，并善于运用娴熟的艺

术技巧和新的技术成就，更好地为创造新的建筑艺术形式服务。

其三：正确对待传统与革新的问题，善于吸取建筑历史传统优秀的创作经验，取其精华，去其糟粕，做到"古为今用，外为中用"，在公共建筑艺术创作中，力求不断创新。

3.2 室内空间环境艺术

公共建筑室内空间的环境艺术，所涉及的问题虽然是多方面的，但是为了突出重点，下面从公共建筑室内外造型的艺术处理方面分别加以论述。本节着重分析室内空间与比例尺度的关系、围透划分与序列导向的关系两方面的问题。

3.2.1 空间形式与比例尺度的关系

由于公共建筑外部选型的不同而构成不同的室内空间，因形状不同（或方、或圆、或多角形或自由形），给人的感觉也不尽相同。另外，是高而深，还是低而宽，这些问题如果采用建筑术语来表述的话，即建筑空间的形状大小与比例和尺度之间相对关系的问题。一般公共建筑室内空间的形状，概括起来有两种：一是规则的几何形；另一则是不规则的自由形。在设计时要根据不同空间所处的环境特点、功能要求以及具体的技术条件，再加上特定的艺术构思来选择建筑的空间与造型。因此常以那些比较规则对称的几何造型与空间，来表达严肃庄重的气氛。如古代宫殿和宗教建筑与近现代某些政治性、纪念性较强的建筑，常采用这种空间形式与造型。如莫斯科列宁墓（图3-17）、北京毛主席纪念堂（图3-18）、华盛顿林肯纪念堂（图3-19）等，皆能给人以端庄的感受，当然表达严肃性的建筑也可以采

图 3-17 莫斯科列宁墓

用不对称的建筑组合形式。当建筑室内空间需要表现活泼、开敞、轻松的气氛时，常选择那些不规则或不对称的空间与造型。因为这种空间与造型，易于取得与相邻空间或自然环境相互流通、延伸与穿插的效果。例如园林建筑（图3-20）、旅馆（图3-21），以及各种文娱性质的公共建筑（图3-22），多采用这种建筑室内外空间与造型的形式。以上仅仅说明了一定的建筑造型所构成的空间形式，能够表达一定的艺术气氛。但是，优美艺术气氛的获得，是和认真把握比例与尺度分不开的。例如一个纵向狭长的空间（图3-23a），会自然地产生强烈的导向感，能起到引导人流沿着纵

图 3-18　北京毛主席纪念堂

图 3-19　华盛顿林肯纪念堂

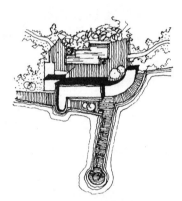

图 3-20　园林建筑

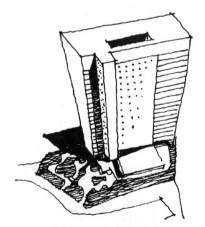

图 3-21　旅馆建筑

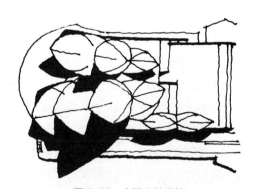

图 3-22　文娱公共建筑

深方向前进的作用，使人们在心理上产生由此空间至彼空间的期待感。因此在某些公共建筑设计中，有的将过渡性的空间处理成为纵长的比例，以利引导人流走向主要的空间。如果将狭长的空间改成方形或接近正方形的矩形（图 3-23b、c），则会减弱其导向感，增强其稳定感，由此可能会造成人流停滞不前的效果。由此可见，不同比例的空间，能给人以不同的感受。所以在组织空间时，应根据不同的构思意境选择合适的比例，才能收到预期的效果。另外，一个面积不大而高度较大的空间和一个面积宽阔而高度低矮的空间相比，如处理得当，显然前者空间气氛具有严肃感（图3-24），而后者容易产生亲切感（图3-25）。与此同时，在处理建筑空间时，还应考虑采光的方式对空间比例效果的影响，即同样比例的建筑空间，若一侧装设大面积玻璃窗，则显得比封闭时宽敞通透得多，反之会产生闭塞与压抑的感觉。图3-26是德国萨尔布吕肯现代画廊的门厅，空间形状狭长

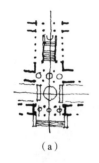 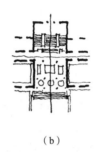 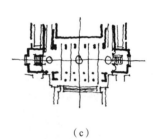

（a） （b） （c）

图3-23 不同形状空间分析图
（a）狭长空间；（b）方形空间；（c）矩形空间

图3-25 大而低的空间示意

图3-24 狭而高的
空间示例

图3-26 德国萨尔布吕肯画廊门厅空间

而低矮，但由于在一侧开了成片的落地玻璃窗，很自然地将室外景色引入室内，增大了视野范围，起到了扩大空间的效果。这个例子说明在处理空间比例时，应将采光的因素考虑进去，才能全面地解决空间的比例问题。同样，现代建筑常利用人工照明多变的光影效果，调节空间的比例感，也是屡见不鲜、异常普遍的。

在公共建筑室内空间处理中，还有一个尺度的问题需要考虑。所谓空间的尺度，就是人们权衡空间的大小、粗细等视觉感受上的问题。因而尺度的处理是表达空间效果的重要手段，它将涉及空间气氛是雄伟壮观的还是亲切细腻的；空间的大小感是比实际的大了还是小了；整体尺度和局部尺度是协调一致的还是相互矛盾的，这些都是处理空间尺度中的重要课题。其中，人的尺度以及和人体密切相关的建筑细部尺度（如踏步、栏杆、窗台、家具等的尺度以及顶棚、地板、墙面的分隔大小等处理手法，所产生的尺度感），也是综合地形成空间尺度感的重要依据。如图 3-27（a）中的顶棚、地面、墙面无划分地处理，而图 3-27（b）中的顶棚、地面、墙面则有划分地处理，显而易见，由于与人有关的尺度起了作用，使（b）图比（a）图的空间感要大得多。例如人民大会堂的交通厅（图 3-28）和军事博物馆的门厅（图 3-29），两者实际高度都是14.6m，由于前者的细部尺度合适，因而取得了应有的高大感，而后者因细部过分粗壮，所以等于把空间相对缩小了。实践证明，在大的建筑空间中，如果缺乏必要的细部处理，则会使空间尺度产生变小的错觉，甚至使人感到简

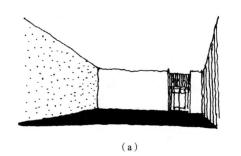

（a）　　　　　　　　　　　　（b）

图 3-27　空间尺度处理
（a）没有处理的空间；（b）有处理的空间

图 3-28　北京人民大会堂交通厅

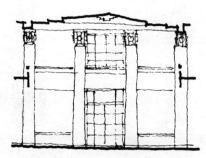

图 3-29　北京军事博物馆门厅

陋和粗笨。相反，如果细部处理过分细腻，也会因失掉尺度感而产生烦琐的感觉。因此，要特别注意尺度的推敲、把握、控制与处理。

另外，在考虑公共建筑的尺度问题时，还应注意视觉方面的因素，因为人对建筑空间的整体认识，除通过在使用过程中的接触之外，在很大程度上是由于人的视觉连续性所形成的综合印象，所以人的视觉规律同样是分析建筑空间尺度的重要因素。在视觉规律中，不同的视角和视距所引起的透视变化以及由于体形的大与小、光影的明与暗、方向的横与竖等一系列的对比作用所产生的错觉，必然会产生不同的尺度感。在建筑构思中，常运用这些视觉规律增强或减弱视觉艺术的特性效果，以取得某些预想的建筑空间环境的意境。例如，有的将远处的细部尺度放大加粗，借以矫正由于透视变小而产生的视差，当然也不能忽视近看的效果。又有的将建筑增加由近及远的层次，以增强其深远感。此外，建筑空间的明与暗，也常会产生不同尺度感的错觉，可以利用采光与照明的不同效应，调整建筑空间的尺度感。例如人民大会堂的顶棚采用了层层退晕的划分，再加上满天星的灯光效果，解决了顶棚下坠的错觉问题（图 3-30）。又如美国古根海姆美术馆的展览厅（图 3-31），是逐层向上悬挑增大展廊空间的，这样处理调整了因透视变化而产生后退变薄的问题，因而取得了良好的空间尺度效果。图 3-32 是一个图书馆的底层大厅，约为 30m×30m，层高仅 4m，且柱子较细，在这种情况下若不加以处理，必然会产生压抑感。所以，在大厅的中央部位设计了 16 个照明穹窿，从视觉上圆满地调整了大厅的尺度感。图 3-33 是某研究院实验楼的入口大厅，尺度和前者相差无几，但顶棚未加以足够的艺术处理，虽然大厅前均是敞开的玻璃墙，但过宽过重的顶棚压在较为纤细的柱子上，不仅感到压抑，而且感到头重脚轻，异常的不稳定。

人的尺度概念，常随着社会的发展与技术的进步而会有所变化，如砖石结构建筑的墙面划分与大型板材或框型结构的墙面划分，在尺

图 3-30　北京人民大会堂顶棚

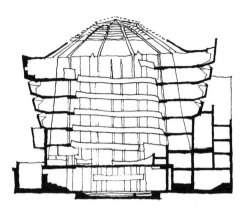

图 3-31　美国古根海姆美术馆展览厅

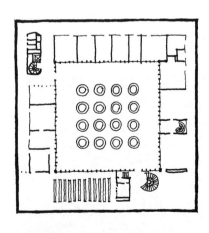

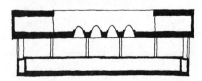

图 3-32　某图书馆底层大厅

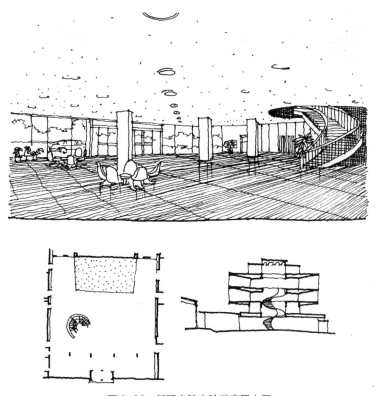

图 3-33　某研究院实验楼底层大厅

度概念上是有区别的，一般感觉前者厚重，后者轻快。设若在板材上或在框架上仍然模仿砖墙小窗的划分，似乎觉得颇不协调。局部的建筑处理如此，整个城市也是如此，如现代化城市中的简洁高大的建筑物；粗犷奔放的立交桥；宽松通畅的林荫道等大尺度的景观，显然采用小尺度的设计手法及烦琐的装修都会与现代城市空间尺度不相称的。现代城市必然被高速度、大体量等新的创作观念所代替，因而在体量上加大尺度的手法，是现代建筑与建筑群的新趋向。另外，建筑尺度的处理是和一定的创作意图分不开的，也可以说建筑尺度是建筑创作中的重要手段，它应服务于一定的建筑意境构思。如图 3-34，为了加强建筑空间的力度感，在设计中使用了素混凝土的粗面装饰，以简朴巨大的构件细部、交错穿插的空间处理、变化丰富的光影等手段，取得了厚重的空间效果，但其尺度的控制，依然要靠相应的栏杆、门洞的比例关系显示出来。有的室内设计为了取得亲切感，在尺度上选择了细腻小巧的细部处理，因而取得了比较轻松的气氛（图3-35）。

综上论析，可以看出，建筑空间的形状大小感是和与之相适应的比例尺度分不开的。在设计创作中，既不能撇开比例尺度的概念去简单地研究建筑空间的形状大小问题；也不能置建筑空间的形状大小于不顾，孤立地去研究抽象的比例尺度问题。正确的方法，只能从它们之间的相互关系中深入分析，反复推敲，才能在公共建筑创作中取得比较良好的效果。

图 3-34　粗壮尺度处理示例

图 3-35　细腻尺度处理示例

3.2.2　空间的围透划分与序列导向

在公共建筑的创作中，对于室内空间环境的构思，常运用围透划分与序列导向的处理，形成一个完整的空间体系，使整个建筑空间环境具有优美的整体感。室内空间围透的形式和意图，是与具体的环境特色、民族习惯、地方风格、技术水平、创作意境等密不可分的。如前所述，古典建筑封闭厚重的空间与现代建筑开敞通透的空间，形成了鲜明的对照。特别是现代建筑，由于具备了新结构、新设备、新材料的物质基础，加之比以往更加强调了人的行为心理方面的要求，因而新的空间围合手法更是日新月异，层出不穷。常用的手法如：在结构体系允许的条件下，打开墙壁以沟通室内外空间的环境，变幻顶棚地面的起伏，以丰富空间的变化，以及选择轻盈通透的隔断，取得空间的渗透和流动等。我国新建的公共建筑或园林建筑多采用这种空间组合的方法（图3-36），国外的现代建筑更是屡见不鲜。图3-37是日

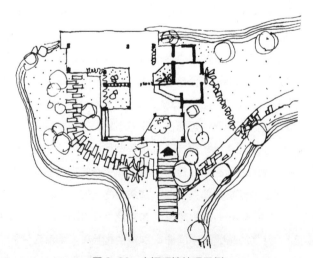
图 3-36　空间环境处理示例

图 3-37　日本立川市政中心
前厅空间处理示例

图 3-38　苏州留园"还我读书处"

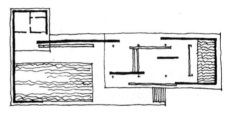

图 3-39　西班牙巴塞罗那博览会德国馆

本立川市政中心的前厅转角的处理，该角落虽然不大，因装设了整片的玻璃窗，室内空间感到异常开朗，加之沙发、地毯、盆景的集中布置，形成一个停留歇息与等候的幽静环境。显然这是围透划分的技巧在室内空间上所起的良好作用。当然，在具体设计时，应根据使用和艺术境界的需要，灵活地运用围和透的构图技巧，使之配合得体，产生预期的室内空间效果。例如苏州留园的"还我读书处"，就是围透结合的范例（图 3-38）。该园林建筑将面对方形庭院的墙完全敞开，而封住其他三面墙，这种围中有透的空间处理手法，使这一环境显得格外幽深静雅。又如西班牙巴塞罗那博览会的德国馆（图 3-39），采用了围中有透、透中有围、围透结合的方法，从而达到了空间序列衔接紧凑、有机联系的境界。使人进入展览空

间之后，沿隔断布置所形成的参观路线不断延伸，在行进中可从不同的角度观看到几个层次的空间，这种在运动中所看到的不断变迁的视觉构图，也可称之为四维空间的景象，定会引起人们浓郁的观赏兴趣。所以，该馆在室内空间处理上，以灵巧多变划分空间的手法，使有限的空间变为无限，并以不断变化着的空间导向，使空间序列显现出异常丰富和流畅的构思意境。

下面将一般常见的划分空间的方法概括地论析如下：

（1）空间组合中界面的围透，是空透一些还是封闭一些，两者的效果是迥然不同的，需要依据设计意图而定。如墙面的窗洞，不同的设计就会产生不同的形式美，如图 3-40（a）、（b）中的窗子面积相等，但图（a）的形式感

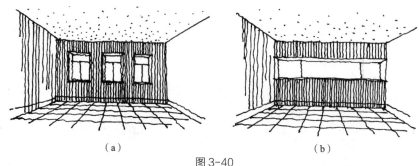

图 3-40
（a）竖向分割窗的开法；（b）横向通长窗的开法

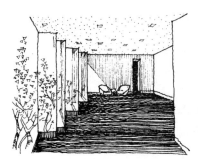

图 3-41　某陈列馆休息厅

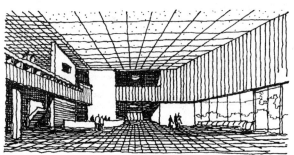

图 3-42　室内空间处理示例

觉封闭，而图（b）因窗洞的形式扁宽、视野开阔，则具有开敞通透感。图 3-41 系一陈列馆的休息厅，由于面向院子一侧设计成玻璃墙面，因而取得了延伸空间的效果。但假若围合空间的各个面皆在相交处采用实的手法结束，则空间感觉也在此处终结，极易产生封闭感。为了克服这种六面体的封闭感，不少现代建筑常把玻璃门窗布置在沿墙的端部，或采用漏空或悬挂的空浮隔断，把室外环境（墙面、地面、雨篷、水池、绿化、建筑小品等）引入室内，达到延伸室内空间环境的目的（图 3-42）。此外，如果需要更大的通透感，常将角部墙面打开，这种处理手法，特别适用于旅游、文娱等活泼性质的公共建筑。

（2）室内空间环境的划分，应根据设计的意图，采用如半隔断、空花墙、博古架、落地罩或家具组合等方法，以取得空间之间既分又合、隔而不死的效果。在设计创作中，常需要划分几个区域，以满足不同的使用要求，如动与静、通与停等。动则需畅通无阻，静则可短暂停留，通则豁然开朗，停则幽静典雅。为了分割这些区域，常运用各种构图技巧加以处理，这样处理不仅增加空间的层次感，而且还可以供人们在运动中观赏流动空间近、中、远的多层次景观，以获取不同空间的趣味。如比利时古罗马石刻博物馆（图 3-43），规模虽然较小，但在室内空间划分上，却运用了一系列增大空间感的措施，如锯齿状的墙面布置、北窗的漫射光照和室外环境景色的引进等，构成曲折的空间与明暗的光照相对应，使这个小巧

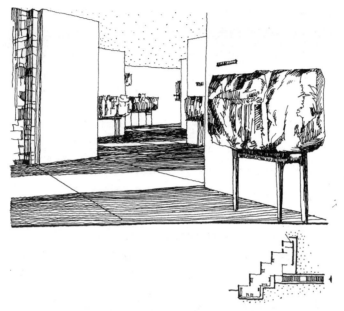

图 3-43　比利时古罗马石刻博物馆

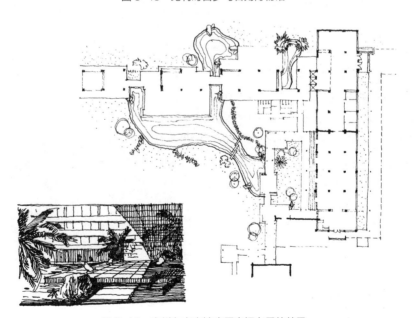

图 3-44　广州东方宾馆底层空间布局的效果

的流动空间序列产生了比较强烈的节奏感与层次感。图 3-44 是广州东方宾馆底层的空间，利用了半隔断、列柱廊、镂花罩等手法，组织了不同视线的观赏趣味，创造了丰富多彩、意趣横生的空间效果。又如广州流花宾馆利用花格墙、分隔楼梯与廊子的空间，使庭园景物若隐若现，巧妙地把低而窄的空间变成饶有意趣的室内景观（图 3-45）。另外，有的公共建筑，为了使室内空间具有更大的灵活性，常在多功能的大型空间中，运用活动隔断或家具布置区分不同的空间。如图 3-46 为某办公楼的办公空间，系运用家具布局灵活划分许多小空间的实例，这样的布局不仅使小空间具有相对的独立性，同时也使整体空间具有完整的统一性和相互之间的联系性，从而可以体现出空间环境和谐的优美境界。在设计创作中，有时为了界定空间的场所，常利用变换地面、顶棚的标高或更改材料的质感，以显示空间划分的存在。尤其对于相邻空间之间需要过渡性的处理，或在同一空间中需要划分若干区域时，往往采用这种手法。如图 3-47 是一个大型餐厅，为了划分空间，于大片暗红色木地板一侧的柱廊中装修了洁白的水磨石地面，并延伸到室外庭园，以利于室内外空间环境的相互渗透，加之光照明朗、红白交映，更加突出了餐厅与休息厅空间之间有效的划分。又如图 3-48 是德国普特蓓雷博物馆的大型厅堂，利用降低局部地面的手法，突出了后翼介绍厅的空间，这样处理既争取了空间的高度，又增强了空间的变化，因而取得了空间划分的良好效果。再如某俱乐部，利用顶棚的升降，区分小卖和休息两部分的空间（图 3-49）。在建筑空间处理中，有时运用列柱的不同排列和变换地面标高的方法来划分空间，以增强空间系统的层次感。例如北京颐和园谐趣园中转折交错的柱廊处理（图 3-50），产生隔柱眺望对岸环境的景观，顿使咫尺天涯化为无穷的境界。又如赖特设计的美国约翰逊制蜡公司的办公大厅（图 3-51），以轻盈挺拔牵牛花状的柱群，交织着透过柱冠间隙洒向大厅的光束，形成一幅生动的画面，可见有韵律的列柱排列，在某些空间构图中的重要性。综上所述不难看出，列柱的高低

图 3-45　广州流花宾馆室内空间处理示例

图 3-46　办公空间处理示例

图 3-47　某宾馆大餐厅空间处理

粗细，间距的大小宽窄以及遮挡空间的多寡远近，其空间气氛是不一样的。图 3-52 系古典大厅中的又高又粗列柱的例子，空间感显得比较沉重而封闭。图 3-53 为近代建筑大厅的例子，因列柱低矮而纤细，故产生了轻松、开敞的空间感。另外，在竖向列柱之间，增加一定

图 3-48 德国普特蓓雷博物馆

图 3-49 变化顶棚高度的处理示例

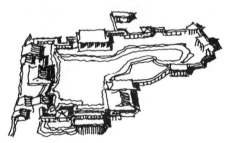

图 3-50 北京颐和园谐趣园的空间处理

图 3-52 西洋古典建筑大厅示例

图 3-51 美国约翰逊制蜡公司办公大厅

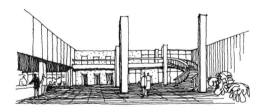

图 3-53 现代建筑大厅示例

的横向处理，可使空间更加丰富。这种手法在我国古代建筑中，是运用较多的（图 3-54）。现代建筑在室内处理上，也常利用这一手段增加空间的层次感。例如运用竖向高大的柱群与横向低矮的跑马廊相结合，从竖与横的对比中，获得更加丰富的空间节奏感（图 3-55）。有时为了使一个完整的室内空间，体现出连续性与流通性，常以不同标高的分层处理，丰富空间界面的层次感。如图 3-56 为瑞士工艺美术中心，把几个不同高度的展厅，环绕着中间方形庭园布置，形成递进旋转升降的连续空间

组合，这样既增加了空间的流动感，又丰富了空间的层次感。又如图 3-57 是日本东洋美术馆的展厅，在一个大型的空间中交错地布置了几个展览层，不仅增强了室内空间环境的多界面的雕塑感，同时还体现出了丰富的空间层次韵味。当然，在当代建筑不少知名作品中，也常采用这种手法，无疑这是现代建筑自由空间所构成的组合手法，应引起足够的重视和加以借鉴，以促进公共建筑设计水平的不断发展。

（3）在公共建筑空间组合中，一定空间

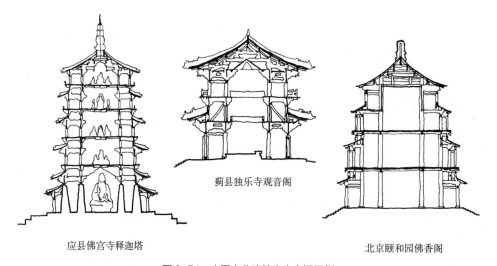

应县佛宫寺释迦塔　　　蓟县独乐寺观音阁　　　北京颐和园佛香阁

图 3-54　中国古典建筑室内空间示例

图 3-55　现代建筑室内空间示例

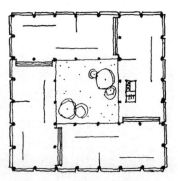

图 3-56　瑞士工艺美术中心

环境的序列布置，还应对人流的导向问题给予足够的重视。固然，强调导向的技法是多种多样的，但建筑轴线的构图技法，应是一个重要的手段。尤其在对称布局的公共建筑空间组合中，常采用轴线分明的构图技巧，借以显示严谨的空间序列特色。例如人民大会堂宴会厅的楼梯空间处理（图 3-58），就是沿着一条主轴线布置了成排的列柱与灯具，并沿着直跑楼梯铺垫红色地毯，引导人流顺畅地径直步向宴会厅，而这种庄重气氛的产生，显然是运用中轴线的方法，达到了强调导向的效果。有些公共

建筑的主要空间需要布置在与入口横交的轴线上，这时在纵轴上则需转向处理，方能把人流自然地引导到主要的空间之中。如图 3-59 是伊朗德黑兰候机厅的布局，因候机大厅安排在入口处与纵轴转向的横轴上，为了使人流易于找到主要空间，在沿着入口纵向空间处，布置了转向的布局处理，比较自然地将人流引入候机大厅。此外，有些公共建筑，尤其是园林建筑（图 3-60），为了取得轻松活泼的空间效果，常采取转折或迂回曲折的轴线处理，以表达其空间环境的多样变化和开朗

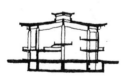

图 3-57　日本东洋美术馆展览厅

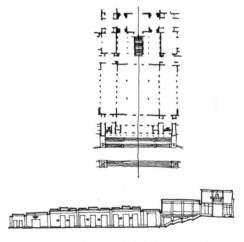

图 3-58　北京人民大会堂宴会厅楼梯厅空间

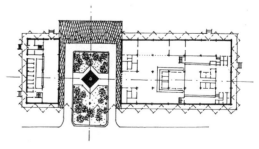

图 3-59　伊朗德黑兰候机厅

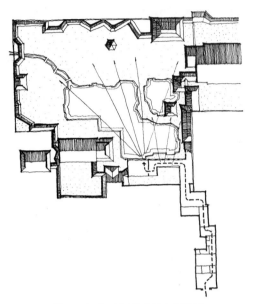

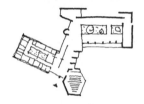

图 3-60　江南园林建筑空间示例　　　　图 3-61　德国不来梅福克博物馆门厅

休闲的性格特征。

　　随着时代的发展，近代建筑的室内空间环境，因强调与人的行为活动及周围环境特点的有机结合，常出现曲折复杂的布局，一般采用各种暗示空间导向的手法，组织构成空间的序列。例如运用曲径、汀步、门洞、花墙和小品等别致的设计手段，吸引和引导人流的活动。如设计处理得当，可以取得极为丰富而又灵活的空间环境效果。例如图 3-61 是德国不来梅福克博物馆，该馆主要由展览、演讲和行政三部分组成，在门厅处设置了导向异常强烈的多片壁饰，比较自然地把人流引向展览部分。又如塘沽火车站售票厅与圆形候车厅之间的空间处理，利用曲线的墙体，将两个空间紧密地联系成一个整体（图 3-62），从而起到了从售票厅的低空间引导人流走向候车大厅高空间的导向作用，使两者的空间在流动中达到了有机的联系。此外，建筑空间导向处理，有时还需要利用光线明

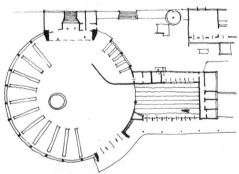

图 3-62　塘沽火车站室内空间示例

暗的特点，增加空间的方向感。如天津水上公园的熊猫馆，在光照设计中，有意识地把周围观赏用的圆廊压暗，而将居于中央的陈列场所设计成顶部采光的玻璃厅，明亮的光

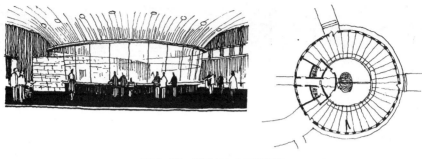

图 3-63　天津水上公园熊猫馆

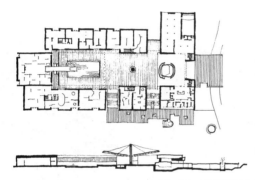

图 3-64　墨西哥国立人类学博物馆

照吸引了观众的视线，起到聚焦观赏的作用，是一个较好的利用光线的明暗差别强调重点的实例（图 3-63）。

空间序列与导向的构思与设计，涉及的问题是多方面的，有功能要求问题，也有艺术构思问题，同时还有风格和形式等问题，但其中人们在运动中所观赏到的各个空间的综合效果，则是空间序列与导向中的关键问题，这恰是现代建筑流动空间的主要成就。这种手法与古典建筑中的孤立的、静止的、封闭的设计方法，形成了鲜明的对照。例如墨西哥国立人类学博物馆（图 3-64），围绕着一个纪念性的庭院，组织空间的序列体系与导向处理，从低矮的门廊到宽大的门厅，再进入一个比较宽敞的矩形庭院空间，在庭院前部布置了一根雕饰的青铜圆柱，柱顶支承着一个巨大的伞状棚，

之后有洒满水帘的水池，最后以大展厅作为结束。这样的构思，显示出在这条纵向轴线上，所形成的从低到高、从内到外的层次，堪称是极为丰富的空间序列。加之观众每参观一个展室均需经过中央庭院空间再到另一展室，这在视觉上经历着室内外的空间对比和明暗变化，从而在观赏过程中，结合展品内容以及配合室外各种古迹的陈列布局，可以形象地激发人们对古人类发展的联想，由此可以增强游人览胜的兴趣。另外，有不少现代建筑，特别是一些文化娱乐性的公共建筑，在处理空间序列时，常强调建筑与自然环境的结合，因而多着重寻求视觉上的变化趣味，有的纵横交错，有的曲折多变，使空间序列异常丰富。如纽约市的世界博览会的巴西馆（图 3-65）和巴西彭贝拉某餐厅的空间组合（图 3-66），就体现了这种

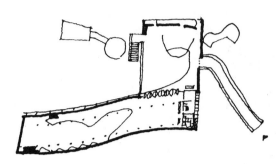

图 3-65　纽约世界博览会巴西馆

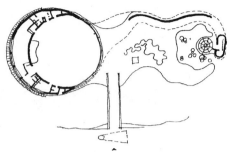

图 3-66　巴西彭贝拉餐厅

艺术构思的突出特色。因此，从例举中不难看出，空间组合的方法可以是多种多样的，但皆在运用空间组合的艺术技巧，达到激发观赏兴趣的作用，和满足人的行为心理的要求。在室内空间环境艺术的设计中，有时为了加强某些特色的艺术气氛，使室内空间更加生机勃勃和妙趣横生，常运用各种天然采光、人工照明、色彩质感以及水面绿化等手段，以取得加强层次、丰富空间的优美效果，见图 3-67 和图 3-68 两例所示。

　　本节着重分析了公共建筑室内空间的环境艺术设计问题，但作为一个完整的建筑空间概念，还有室外空间的环境艺术设计问题。

图 3-67　室内空间示例之一

图 3-68　室内空间示例之二

3.3　室外空间环境艺术

公共建筑的体形与空间，是建筑造型艺术中矛盾的两个方面，它们之间是互为依存，不可分割的，因而在设计时不能孤立地去解决某个方面问题。从古至今，优秀的建筑典范，其优美的建筑艺术形象总是内部空间合乎逻辑的反映。不同性质的公共建筑，要求以不同的室内空间来满足，而不同室内空间的构思则需要一定形式的结构体系来支撑，这些必然会要求一定形式的外部体形相协调。如高层的公共建筑和大跨度的公共建筑（图 3-69、图 3-70）；纪念性的公共建筑与一般性的公共建筑（图 3-71、图 3-72）；文娱性的公共建筑与庄严

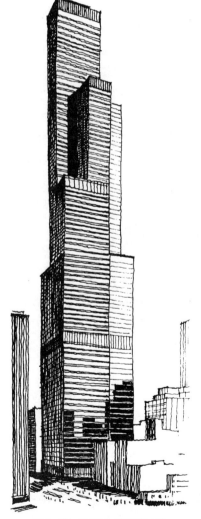

图 3-69　高层公共建筑示例

图 3-70　大跨度公共建筑示例

图 3-71　纪念性公共建筑示例

图 3-72　一般性公共建筑示例

图 3-73　文娱性公共建筑示例

性的公共建筑（图 3-73、图 3-74）都说明了这个问题。这里所指的建筑室内空间与外部体形相统一的问题，绝不是简单地把室内空间当作内容，把外部体形作为形式去理解，正确地理解应是：建筑外部体形的艺术形式，系一定思想内容的反映，而建筑形式又可反作用于内容。也只有正确认识这种辩证关系，才能处理

好它们之间的艺术形式问题。

公共建筑的造型艺术，在大量的创作实践中，总结出不少有关形式美的规律，下面着重从统一与变化、比例与尺度以及某些视觉方面的问题加以阐述。

公共建筑外部体形的艺术形式，离不开统一与变化的构图原则，即从变化中求统一，从统一中求变化，并使两者得到比较完美的结合，达到高度完整的境界。一般应注意构图中的主要与从属、对比与协调、均衡与稳定、节奏与韵律等方面的关系。

通常以轴线关系表达主与从的构图创意，如前所述，除去古典建筑以外，也常用于庄严隆重性质的近现代公共建筑之中。例如美国驻印度大使馆（图 3-75），以严格对称的布局，表现出一个国家政府驻外国代表机构的严肃性。该建筑在体形设计中，突出了中心部位，如两端柱廊的开间比中间的要小，且在柱间装

图 3-74　庄严性质的公共建筑示例

图 3-75　美国驻印度大使馆

设了满花镂空的挡板，以衬托中心部位门洞上的国徽，所有这些构图技巧，皆能使体形关系达到主次分明的效果。在处理构图中的主从关系中，还可运用对比的手法。对比的内容一般有体量之间、线型之间、虚实之间、质感之间以及色彩冷暖浓淡之间的对比等。诚然，在建筑体形组合中，对比的方法经常和其他的艺术处理手法综合运用，以取得相辅相成的效果。例如北京民族文化宫（图3-76），就是运用了各种方法体现出主从关系的。从对称布局中的主轴线与次轴线之间，从居中的高体量与两侧的低体量之间，从门窗洞、空廊与实墙之间以及从蓝绿色琉璃瓦与乳白色面砖之间等形成了一系列的对比关系，从而使整体建筑的造型既主次分明、丰富多彩，又完整统一，是一个比较成功的例子。关于体量组合中的主次关系，对称的布局如此，不对称的布局也是如此。在不对称的体量组合中，依然可以运用体量的大小、高低、粗细、横竖、虚实以及不同的材料的质感和色彩等处理手法，强调其体量组合的主次关系。如乌鲁木齐候机楼（图3-77），就是运用瞭望塔高耸敦实的体量与候机大厅低矮平缓的体量，瞭望塔的横线条与候机大厅的竖线条，以及大片玻璃与实墙之间等一系列的对比手法，使体量组合极为丰富，主从关系的处理颇为得体。另外，在运用对比手法的同时，还应注意运用协调的构图手法。一般来说，对比的手法易产生个性突出、鲜明强烈的形象感，而协调的手法则易取得呼应、协调和统一的效果。往往在一幢建筑中，对比与协调两种手法兼用，才能有体形突出、形象生动及完整统一的效果。再以北京民族文化宫为例，它在体形构图处理上，不仅有对比的效果，还有协调的效果，诸如两端的绿色琉璃瓦顶与中央的

图 3-76　北京民族文化宫

图 3-77　乌鲁木齐航站楼

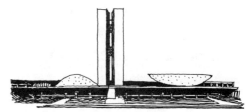

图 3-78　巴西国会大厦

塔楼绿色琉璃瓦顶，以及塔楼墙身绿色琉璃的横檐，就是运用同一材料的质感与色彩，增加了彼此之间的呼应、和谐与统一的效果。在国外，这方面的例子也是为数不少的，例如巴西利亚的巴西国会大厦（图3-78），运用了竖向的两片板式办公楼与横向体量的政府宫的对比，上院和下院一正一反两个碗状的会议厅的对比，以及整个建筑体形的直与曲、高与低、虚与实的对比，给人留下极其强烈的印象。此外，该建筑充分运用了钢筋水泥的雕塑感和玻璃窗洞的透明感以及大型坡道的流动感，从而

协调了整体建筑群的统一气氛。这是一个比较突出的名例。

在公共建筑室外空间与体形的构图中，均衡与稳定也是不容忽视的问题。建筑体量上的构图，有对称平衡与不对称平衡之分；有静态平衡与非静态平衡之分。一般对称的平衡常表现端庄的气氛，多用于纪念性建筑或其他需要表达雄伟壮观的公共建筑，如列宁墓（图3-79）及我国的革命历史博物馆（图3-80）等。对于功能上比较复杂，而在性格上需要体现轻松活泼的公共建筑，就不一定采用以对称平衡的体量组合，根据需要可以选择不对称平衡的体量组合方法。例如荷兰的希尔佛逊市政厅，是以不同高低大小、纵横交错的体量组合，取得不对称平衡的著名范例（图3-81）。

除此之外，由于新结构、新材料、新技术的不断发展，人们对于稳定的概念，特别是对于传统的概念，有了不少的突破。几千年前的埃及金字塔，固然给人以强烈的稳定感，但是在现代建筑中常以架空第一层与悬挑墙板，再施以浓重的色彩、粗糙的质感，以加大光影等构图的新方法，使得从基层看上去犹如坚实的底座，也同样给人以稳定感。如图3-82古根海姆美术馆和图3-83的巴西教育卫生部大厦等都说明了这个问题。此外，也有一些公共建筑，在取得稳定感的同时，常以某种惹人注意的动态体形处理，以突出某些特有的性格和特征。如"八一"南昌起义纪念塔，向前倾斜的动态体形（图3-84）和美国的肯尼迪国际机场TWA航站楼似大鸟展翅的体形（图3-85），都表明了建筑体形的稳定感与动态感的高度统一，这也是一种从静中求动的建筑形式美。

在公共建筑体形的构图中，还存在着节奏与韵律的问题。所谓韵律，常指建筑构图中的

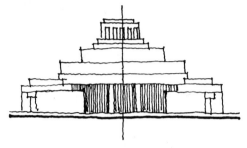

图3-79　莫斯科列宁墓

图3-80　北京革命历史博物馆

图3-81　荷兰希尔佛逊市政厅

图3-82　美国古根海姆美术馆

有组织的变化和有规律的重复，使变化与重复形成了有节奏的韵律感，从而可以给人以美的感受。在公共建筑中，常用的韵律手法有连续的韵律、渐变的韵律、起伏的韵律、交错的韵律等，以下分别予以论述。

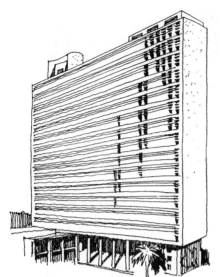

图 3-83　巴西教育卫生部大厦

图 3-84　"八一"南昌起义纪念碑

图 3-85　美国纽约肯尼迪国际机场 TWA 航站楼

• 连续的韵律　其构图手法系强调运用一种或几种的组成要素，使之连续和重复出现所产生的韵律感。例如某铁路旅客站设计（图3-86），整个体形是由等距离的壁柱和玻璃窗组成的重复韵律，以增强其节奏感。另外，该设计为了克服因过分统一所带来的单调感，在入口部分加强了处理，如特殊的体形、深远的挑檐、空透的入口、灵活的墙面等，与整体造型的韵律形成了鲜明的对照，从而达到突出重点和协调整体的作用，使之取得在统一中求变化的效果。这种在统一韵律中加强重点装饰的手法，在公共建筑体形处理中是经常采用，也是极为重要的构图技巧。

• 渐变的韵律　此种韵律构图的特点是：常将某些组成要素，如体量的高低大小，色调的冷暖浓淡，质感的粗细轻重等，作有规律的增强与减弱，以造成统一和谐的韵律感。例如我国的古代塔身的体形变化（图3-87），就是运用相似的每层檐部与墙身的重复与变化而形成的渐变韵律，使人感到既和谐统一又富于变化。又如现代建筑中的某商场设计（图3-88），顶部大小薄壳的曲线变化，其中有连续的韵律及彼此相似渐变的韵律，给人以新颖感和时代感。

图 3-86 中国某城市火车站的体形设计

图 3-87 中国古典塔身的
韵律处理

图 3-88 现代某商场屋顶的韵律处理

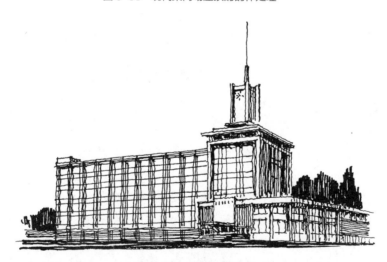

图 3-89 天津电信楼

• 起伏的韵律 该手法虽然也是将某些组成部分作有规律的增减变化所形成的韵律感，但是它与渐变的韵律有所不同，而是在体形处理中，更加强调某一因素的变化，使体形组合或细部处理高低错落，起伏生动。例如天津的电信楼（图 3-89），由 2 层过渡到 6 层，再过渡到塔座及高耸的塔楼，使整个轮廓线逐渐地向上起伏，因而增强了建筑体形及街景面貌的表现力。

• 交错的韵律 系在建筑体形构图中，运用各种造型因素，如体量的大小、空间的虚实、细部的疏密等作有规律的纵横交错、相互穿插的处理，形成一种丰富的韵律感。例如西班牙巴塞罗那博览会的德国馆（图 3-90），无

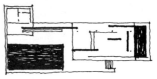

图 3-90　巴塞罗那博览会德国馆

图 3-91　广交会展览楼花格墙处理示例

论是空间布局，体形组合，还是在运用交错韵律而取得的丰富空间诸方面，皆是异常突出的。又如广州进出口商品交易会展览楼（图3-91），结合遮阳的要求，采用了有交错韵律的花格墙，在构图中花纹的垂直与水平的变化，体现出生动的形式美。

总之，虽然各种韵律构图所表现的形式是多种多样的，但是它们之间却都有一个如何处理好重复与变化的关系问题。显然，有规律的重复是获得韵律应有的条件，没有一定数量上的重复，便形成不了节奏感，无疑这是应当予以足够注意的。然而，只注意重复而忽视了必要的变化，也会产生单调乏味的后果。所以在体形与空间的构图中，既要注意有规律的重复，也要有意识地组织有规律的变化，才能更好地解决建筑形式美中的韵律问题。

在进行公共建筑造型艺术创作，运用各种艺术手法时（如主要与从属，对比与协调，均衡与稳定以及节奏与韵律等），应注意变化与统一相协调的重要性。当然，在满足统一与变化构图原则的同时，还应注意探求良好的比例与尺度的问题。所谓建筑构图中的比例问题，一般包含两个方面的概念：一是建筑整体或它的某个细部本身的长、宽、高之间的关系；二是建筑物整体与局部或局部与局部之间的关系。而建筑构图中的尺度问题，则是建筑整体与某些细部或与人之间；或人们所习见的某些建筑细部之间的关系。

建筑构图中比例与尺度概念的产生，是和一定历史时期建筑的功能要求、技术条件、审美观点以及创作思想分不开的。如西洋古典建筑，可以依据"五柱范"，反映石材建筑的比例关系，我国宋代和清代的古建筑木构体系所形成的比例关系，皆反映在宋《营造法式》和清《清工部工程做法则例》之中。如果说这些古代"规范"还能满足各类建筑构图要求的话，那么这是因为古代生产水平不高，生活内容比较简单，所以一定比例的建筑形式能适应多种功能的要求。而到了近代，由于生产技术水平的高度发展，人们的生活内容日趋复杂，因此建筑类型也日益繁多，如今再以某种法式的比例关系来束缚现代建筑，当然是极不合理的。新的比例与尺度的观念，必然会随着时代与技术的发展而发展。尤其在现代公共建筑创作中，风格与形式更加多种多样和千变万化，因而重视三度空间中的比例关系胜于单纯追求某个立面的比例关系，这个建筑构图中的新课题，是值得深入研究和探索的。以下举例说明这个问题，例如杭州影剧院的造型设计（图

3-92），已看不到古典建筑的栏板、列柱、檐口和梁枋等细部作为推敲比例的对象，也看不到雀替彩画、装修花纹作为权衡尺度的依据，而是以大块体积的玻璃厅、高大体量的后台及观众厅显示它们之间的比例，并在恰当的体量比例中，巧妙地采用宽大的台阶、平台、栏杆以及适度的门扇处理，表明其尺度感的。这种新的比例尺度的处理手法，给人以通透明朗、简洁大方的感受，这是与现代的生活方式和新型的城市面貌相适应的。又如荷兰德尔佛特技术学院礼堂（图3-93），同样看不到诸如柱廊、盖盘等西方古典建筑形式的比例关系，而是紧密地结合功能特点，大胆暴露了观众厅倾斜的体形轮廓，比较自然地显现出大尺度的体量。另外，为了得到良好的比例关系，在横向划分与竖向划分的体量设计中，因细部尺度处理得当，使得整体建筑造型异常敦实有力。通过上

图 3-92　杭州影剧院

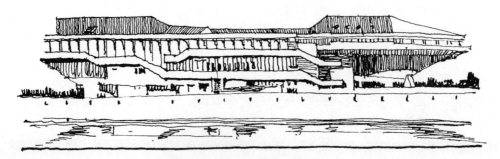

图 3-93　荷兰德尔佛特技术学院礼堂

述的分析可以看出，当代建筑设计的发展，具有追求立体造型比例关系的倾向，而这种新的建筑审美观的建立，是与当代人们的行为心理和新的技术成就密切相关的。

在思考建筑构图中的尺度问题时，一方面要注意建筑体量本身的绝对尺寸，另一方面还要注意与人们习见的某些建筑细部所产生的相对尺度感。不同的尺度处理，产生不同的艺术效果，有的粗壮雄伟，有的玲珑精巧。例如一座体育馆建筑，室内拥有大型空间，经常吞吐大量人流，因此要求设置宽大通畅的出入口和大片通透的玻璃窗。而一般的中小学与上述的大空间建筑相比，室内空间与门窗皆小得多。所以这两类建筑，无论是整体造型，还是局部处理，都表现出全然不同的比例尺度关系。一般说，前者粗壮些，后者小巧些。日本九州大学的会堂（图 3-94），是以较大体量组合

的，其体量之间若不加以处理的话，则会导致整体尺度比原有的尺度感要小。但是，由于该建筑在挑出部分开了一排较小的窗洞，对比之下粗壮尺度的体量被衬托出来。加之入口处的踏步、栏杆等细部处理得当，符合人的习惯尺度，所以使得建筑的体形处理，异常雄壮有力。这一点对于某些大型公共建筑来说极为重要。否则，粗大的体量若没有精细小巧的尺度相衬托，就有可能使建筑造型有粗糙乏味感，甚至会造成犹如小建筑单纯放大，而失掉应有的尺度感。下面再以天安门广场为例，分析建筑的比例尺度问题。天安门城楼位于广场轴线的中央（图 3-95），充分体现出了它是广场的主体建筑。它的体量虽然比人民大会堂和革命历史博物馆要小，但天安门的基座与两侧横向的大红墙形成一个气势磅礴的整体，各段比例不仅是协调的，重点也是突出的。城楼上的

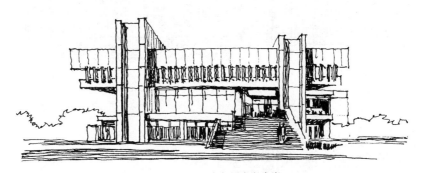

图 3-94 日本九州大学会堂

图 3-95 北京天安门广场总体空间效果图

屋顶、梁枋、栏杆等细部的尺度处理，非常精巧恰当，更加衬托出整体建筑的雄伟气魄。所以总的感觉要比人民大会堂和革命历史博物馆要大。人民大会堂（图3-96）就其绝对尺寸来说，远比天安门要大得多，但建筑体量及细部的划分比天安门细腻一些，再加之各个细部如台阶、垂带、灯柱等处设计的精细，使建筑总体的尺度感，并未超过天安门。此外，革命历史博物馆（图3-97），因尺度处理得较为失调，整个建筑颇似二层的不大建筑，与人民大会堂相比，显得过于纤弱，这个教训是应该记取的。总之，在建筑设计整个过程中，应该全面而统一地考虑比例与尺度的问题，既不可脱离一定的尺度去孤立地推敲比例，也不能抛开良好的比例去单纯地考虑尺度问题，更不能置新的技术成就和新的精神要求于不顾，片面地、静止地追求某种固定的比例尺度关系，只有因地制宜地把两者有机地相结合，经过反复研究和推敲，才有可能创造出比较完美的建筑艺术形象。

此外，在公共建筑创作中，运用有关形式美的构图规律时，既要注意解决透视变形的问题，还需注意解决具体环境对建筑形象的影响问题。所谓建筑形象的透视变形，缘于人们观

图3-96　北京人民大会堂造型示意

图3-97　北京革命历史博物馆

赏建筑时的视差所致，即人的视点距建筑越近，感觉建筑体形越大，反之感觉越小。另外，透视仰角越大，建筑沿垂直方向的变形越大，前后建筑的遮挡越严重。考虑这一因素，推敲比例尺度，绝不能单纯地从立面上研究其大小和形状，而应把透视变形和透视遮挡考虑进去，才能取得良好体形的透视比例效果。如北京民族文化宫的塔楼（图 3-98），在正投影的立面上看，其比例是偏高的，建成后因透视变形而缩短的缘故，现场直观的塔楼顶部比例是合适的（图 3-99）。这是因为在建造过程中，考虑到透视变形的因素，作了矫正视差

的处理，即把最高的重檐塔身和屋顶坡度抬高到适当的比例，以弥补因视差失掉的高度，取得了良好的比例效果。另外，所谓建筑形象的相对感，系指建筑形象的某种感觉与一定的环境的衬托分不开的。例如澳大利亚悉尼歌剧院的造型（图 3-100），生动多姿的白帆形的组壳和碧蓝的海波相呼应，显得轮廓异常清爽活泼，假若把这个建筑置于闹市之中，其形象就不那么鲜明了，甚至有可能与城市面貌格格不入。因此，一定的建筑形象和一定的环境相配合是非常重要的，即不能忽视在视觉上的相对性。当然，在建筑造型艺术处理中，一定的光

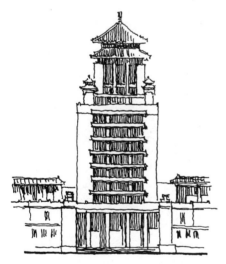

图 3-98　北京民族文化宫正立面图

图 3-99　北京民族文化宫透视效果

图 3-100　澳大利亚悉尼歌剧院

感、色感和质感，也是不可忽视的因素。所以在建筑设计构思中，常运用光线的明暗、颜色的冷暖、质地的粗细等对人的视觉所引起的不同感受，借以增强各种建筑形象的特色气氛。一般来说，暖色调给人以亲切热烈的感觉，冷色调则常给人以幽静深沉的感受，亮光易突出材料的质感和色彩，并能使光滑的材料闪闪发光，使粗糙的材料因造影导致色泽暗淡等。因而在公共建筑造型设计中，可以运用这些特性，择其需要调整建筑体形的构图效果，使设计意图能充分地发挥、升华和表达。

除此之外，近些年来光环境艺术的发展，对公共建筑造型艺术设计，也是值得重视的一个重要因素。尤其是灯光夜景的设计，可以取得光辉灿烂万紫千红的艺术效果。因此在创作公共建筑外部空间环境造型艺术的时候，应把灯光环境艺术的效果考虑进去，创造出更加完美的建筑造型艺术效果，为美化城市环境添景增彩。

第 4 章

公共建筑的技术经济问题分析

公共建筑中的工程技术问题，是构成空间与体形的骨架和基础。同时，工程技术本身如结构、设备、装修等，需要消耗大量的建筑材料和施工费用。其中结构部分，不仅在耗材及投资上占据着相当大的比重，而且对建筑空间体形的制约是很大的。其他如电气照明、采暖通风、空气调节、自动喷淋等设备技术，对建筑空间体形的影响也是不小的。因此在公共建筑设计过程中，应给予足够的重视。

纵观建筑历史的发展，19世纪末叶以来，因社会生活和科学技术的不断发展，特别是钢筋混凝土和钢材的广泛应用，促使建筑技术和造型发生了极大的变革。如1851年建在伦敦的"水晶宫"——世界博览会展览馆（图4-1）；1889年建在巴黎的埃菲尔铁塔（高328m），见图4-2；巴黎世界博览会中的机械馆（熟铁三铰拱，跨度为115m），见图4-3；19世纪70年代建于美国芝加哥的高层框架结构的建筑（图4-4）等，在当时这些技术成就，远不是古典建筑可以比拟的。另外，轻质高强建筑材料的不断出现，空调技术的日益完善，使高层与大跨度的公共建筑有了很大的发展。新结构、新材料、新设备的广泛应用，使承重与非承重体系有了新的观念。因而使建筑的空间组合，具有更大的灵活性与机动性。同样，随着社会、经济与生活的不断发展，相应地会对建筑空间和体形提出更多的新要求，而新形态空间的创造，需要相应的科学技术来满足，从而进一步促进了建筑技术的发展。这种空间要求与技术进步的互相促进作用，就是建筑与技术

图4-1 伦敦"水晶宫"

图4-2 巴黎埃菲尔铁塔

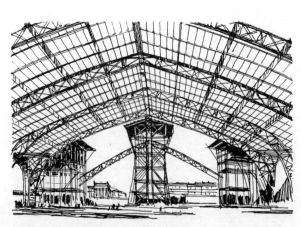

图4-3 巴黎世界博览会机械馆

图 4-4　美国芝加哥早期多层建筑

发展中的相互依存关系。

在运用建筑技术组合空间体形时，除需要满足功能与审美的要求之外，还需要符合经济实用的原则。在建筑工程实践中，经济与否往往成为选择建筑技术形式的重要因素。当然，经济原则不应该与合理的功能要求和优美的艺术形式对立起来。例如设计一座影剧院，观众厅结构形式的选择，应以不损害舒适优美的环境、良好的视线与优异的音质等项要求为前提。换句话说，某些结构形式即使经济，但不能满足上述的基本要求，也是不可取的。当然，在考虑合适的建筑工程技术时，应作科学的经济比较和深入分析，才能比较全面地体现工程技术选型的优越性，所以在公共建筑创作中的技术经济问题，应是一项综合性的工作，绝非是单一、孤立的技术经济问题。

4.1　公共建筑设计与结构技术

当前在公共建筑设计中，常用的结构形式，基本上可以概括为三种主要类型，即：混合结构、框架结构和空间结构。结合我国的具体情况，在新型建筑材料不甚发达的地区，对于一般标准的中小型公共建筑，如中小学校和卫生院等，多选用墙体承重结构，即混合结构体系。而在大中城市，因高新技术比较发达，在高层公共建筑中，如宾馆、大型办公楼等，多选择框架或框剪结构体系。而对于大跨度的公共建筑，如剧院、会堂、体育馆、大型仓库、超级市场等多选择空间结构体系。随着我国经济技术的发展，高科技的新型建筑材料日趋发达，支撑建筑空间的结构体系也不断地更新换代，这就给公共建筑的创作，带来无限的生机。所以在结构选型上，不仅需要持因地制宜的观点，还需持因时制宜的观点，才有可能使公共建筑的设计构思与结构选型相辅相成，配合默契。

4.1.1　混合结构体系与公共建筑

当前我国在一般的公共建筑中，所采用的混合结构形式，以砖或石墙承重及钢筋混凝土梁板系统最为普遍。这种结构类型，因受梁板经济跨度的制约，在平面布置上，常形成矩形网格承重墙的特点。所以对于那些房间不大、层数不高，且为一般标准的某些公共建筑，例

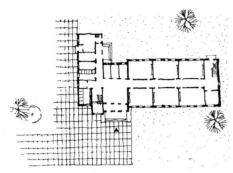

图 4-5　小学校建筑平面图

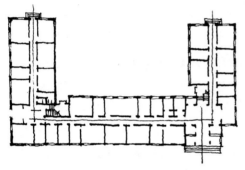

图 4-6　办公建筑平面图

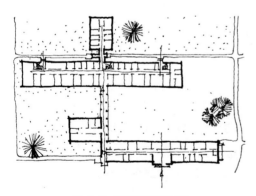

图 4-7　医院建筑平面图

如学校、办公、医院等是比较适用的结构类型。如图 4-5 为小学校建筑、图 4-6 为行政办公建筑、图 4-7 为中型医疗建筑，在三个示例的平面布局中，内外墙的划分，皆显示出了砖混结构的特点，即：内墙和外墙起到分隔建筑空间和支承上部结构重量的双重作用。另外，从承重墙布置的方式看，有纵墙承重和横墙承重之

分，应结合布局的需要加以选择。混合结构中的承重墙体，因需要承受上部屋顶或楼板的荷载，应充分考虑屋顶或楼板的合理布置，并要求梁板或屋面的结构构件规格整齐，统一模数，为方便施工创造有利的条件。针对这种结构特点，在进行建筑布局时，应注意以下要求：

（1）为了保证墙体有足够的刚度，承重墙的布置，应做到均匀、交圈，并应符合规范的规定。

（2）为了使墙体传力合理，在有楼层的建筑中，上下承重墙应尽量对齐，门窗洞口的大小也应有一定的限制。此外，还应尽量避免小房间压在大房间之上，出现承重墙落空的弊病。

（3）墙体的厚度和高度（即自由高度与厚度之比），应在合理的允许范围内。

当然，混合结构的建筑，除承重墙之外，还有非承重墙，也称隔断墙。因其不承受荷载，只能起到分隔空间的作用，一般多选用轻质材料，如空心砖、轻质砌块、石膏板、加气混凝土墙板等。

在混合结构类型中，还有砖木结构体系，即采用砖墙承重和木楼板或木屋顶结构建造的建筑，但由于木材消耗量大，当前我国很少采用。此外，也有采用石墙承重混合结构体系的建筑及其他类型承重墙的混合结构体系的建筑。由于选材不同，对公共建筑的空间组合将产生一定的影响，应在设计构思中权衡利弊，经过深入分析研究，综合地取优除弊后，审慎地加以解决。在设计中应依据建筑空间与结构布置的合理性和可能性，分清承重墙与非承重墙的作用，做到两者分工明确、布置合理，使整体建筑在适用、坚固、经济、美观等几个方面都能达到良好的效果。只有这样，才能把建筑空间组合与结构体系密切地结合起来。当

然，墙体承重结构体系，在就地取材和节约三
材等方面有它可取之处。但是，由于墙体是承
重构件，在刚度、胀缩、抗震等方面要求苛
刻，对开设门窗或洞口受到极大的限制，并在
功能和空间的处理上，存在着不少制约，应是
此种结构体系致命的缺点。同时还要注意到，
混合结构中的砖，是取土制作的，对农田损害
特别严重，而且砖砌体不利于抗震，施工技术
也属落后。因此从发展上看，小砖材料定会被
先进的材料所代替，这是发展的必然趋势。

4.1.2　框架结构体系与公共建筑

　　承重系统与非承重系统有明确的分工，是
框架结构体系最明显的特点，即支承建筑空间
的骨架是承重系统，而分割室内外空间的围护
结构和轻质隔断，是不承受荷载的。因此，柱
与柱之间可根据需要做成填充墙或全部开窗，
也可部分填充，部分开窗，或做成空廊，使室
内外空间灵活通透。在框架结构体系下，室内
空间常依照功能要求进行分隔，可以是封闭

的，也可以是半封闭或开敞的。隔墙的形状也
是多种多样的，可以是直线的，也可以是折线
或曲线的。另外，从虚实效果上看，或虚、或
实，或实中有虚，或虚中有实，皆可表达一定
的设计意图。例如北京饭店增建的新楼（图
4-8），充分表明了承重柱与轻隔墙的布置与
分工，显示出框架结构体系的特色和优越性。

　　我国古建筑的举架木构体系颇具框架结构
体系的特点，已沿用了数千年之久。西欧在
中世纪才出现具有框架结构特点的建筑，直
至 19 世纪以后，开始采用钢和钢筋混凝土框
架结构。因为新材料的框架结构体系，具有强
度大、刚度好的优点，同时还给建筑空间组合
赋予了较大的灵活性，所以适用于高层公共建
筑或空间比较复杂的公共建筑，因而在进行建
筑空间组合时应充分体现出这个特色。墙体与
柱网的关系，往往是紧密结合的。以钢筋混凝
土框架结构体系为例，常选用 6～9m 的柱距，
结合功能要求与空间处理，排成一定形式的柱
网和轻墙，力求做到空间体形的完整性和结构
体系的合理性。例如广州流花宾馆（图 4-9）

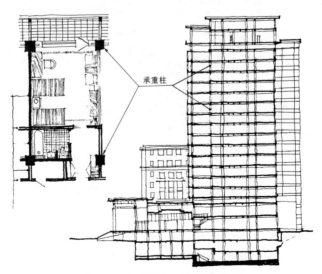

图 4-8　北京饭店客房平面与剖面

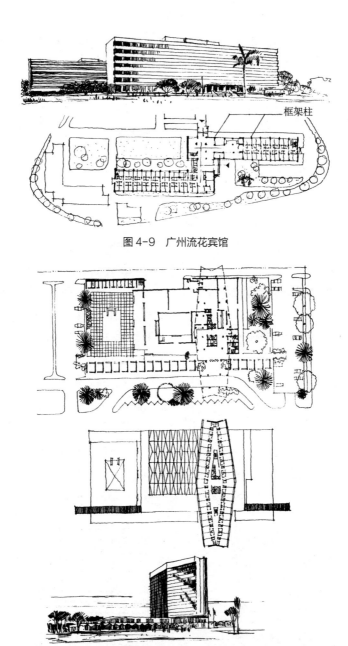

图 4-9　广州流花宾馆

图 4-10　阿根廷布宜诺斯艾利斯洲际饭店

为 7 层钢筋混凝土框架结构，柱网与客房、门厅等空间组合相配合，不仅平面布局紧凑合理，同时采用横向开窗与水平线条的划分，其造型充分发挥了框架结构的优越性。有的公共建筑，常依据空间组合的需要，将室内外的墙体进行灵活安排，因而隔墙和柱网之间，可以是脱开的，也可以是部分脱开，部分衔接的，使建筑空间产生彼此流动渗透而又灵活多变的效果，这是砖混结构体系所不能比拟的。例如阿根廷布宜诺斯艾利斯洲际饭店（图 4-10）

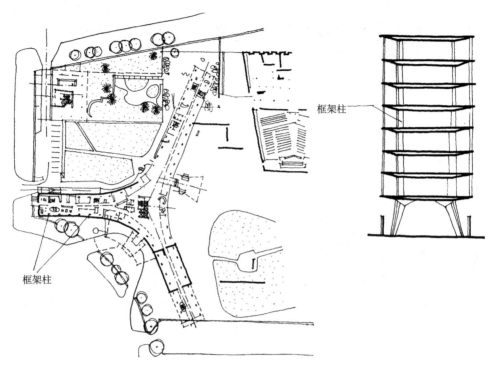

框架柱

框架柱

图 4-11　联合国教科文组织办公楼

和巴黎联合国教科文组织办公楼（图 4-11），皆体现了框架结构体系的特色，尤其是灵活开敞的底层空间与相对封闭的上层空间体形组合，显示出了极大的灵活性和独特的风采。

4.1.3　空间结构体系与公共建筑

近年来，高新建筑材料如轻质高强的钢材、混凝土、塑钢板、铝合金板与管材及尼龙制材等的不断出现，促使轻型高效的空间结构有了迅速的发展，这对于经济有效地解决大跨度公共建筑空间的问题，具有重大的意义。下面着重分析悬索结构、空间薄壁结构和网架结构与公共建筑设计的关系。

1）悬索结构在公共建筑中的运用

在大跨度公共建筑的结构选型中，悬索结构系没有烦琐支撑体系的屋盖结构类型，所以它是较为理想的形式。悬索结构体系具有两个突出的特点：一是悬索结构的钢索不承受弯矩，可以使钢材耐拉性发挥最大的效用，从而能够降低钢材的消耗量，所以结构自重较轻，从理论上讲，只要施工方便、构造合理，可以做成很大的跨度；二是施工时不需要大型的起重设备和大量的模板，施工期限较短。当然，在选择悬索结构形式时，需要注意受力的特性，解决好公共建筑空间环境的组合问题。另外，在荷载作用下，悬索结构体系能承受巨大的拉力，因此要求设置能承受较大压力的构件与之相平衡，这就是该结构体系的受力特殊性能。因此，为了使整体结构有良好的刚性和稳定性，需要选择良好的组合形式，常见的有单向、双向和混合三种类型（图 4-12）。例如

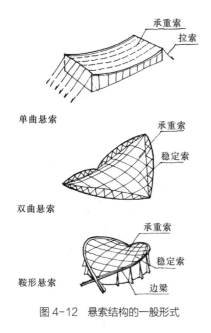

图 4-12　悬索结构的一般形式

在美国斯克山谷建造的滑冰场，是采用悬索与十字形金属空心梁相结合的结构体系。支承体系是以 16 根上细下粗向外倾斜的桅杆作为传力的支撑柱，并通过钢索吊起 16 根梁作为承受屋面荷载的骨架（图 4-13）。该结构系统

的金属斜梁达 69.8m，梁的下端固定于钢筋混凝土支座上，两组交叉悬臂梁覆盖了跨度为 91.4m 的空间。这座比赛场，可容纳观众 8000 人，是单向悬索结构体系中较为典型的例子。北京工人体育馆是辐射悬索结构类型的示例（图 4-14），该体育馆规模宏大，建筑面积达 42000m²，比赛大厅能容纳 15000 名观众，是我国首次采用悬索结构形式的大跨度公共建筑，钢索拉装在内环与边缘圆形状的结构之间，形成了净跨为 94m 的圆形屋顶，悬索沿径向辐射方向布置，分为上下两层，上索承受屋面荷载，并起到稳定索的作用，下索主要是承重索，将全部屋盖悬挂于空中。内环作为电气照明灯架与室内空间美化的考虑，上下钢索各 144 根，形成了上下起伏的车轮状几何形体的顶棚装饰效果。在结构选型上，比采用钢网架结构形式节约钢材 60%。

杭州浙江人民体育馆是马鞍形悬索结构的建筑例子（图 4-15）。该馆比赛大厅为椭圆形（长轴 80m，短轴 60m），能容纳 5400 多

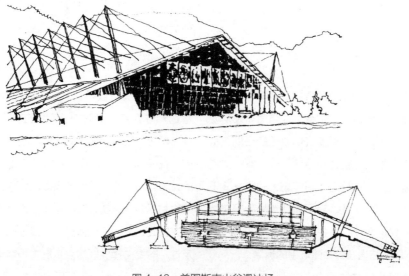

图 4-13　美图斯克山谷滑冰场

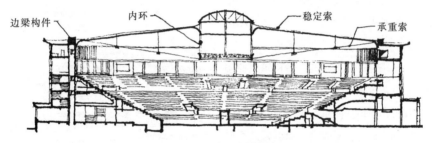

图 4-14 北京工人体育馆

图 4-15 浙江人民体育馆

位观众。鞍形悬索屋盖，由两组弯曲方向不同的钢索系统组成，并呈双曲抛物线形状，其承重体系——索网系由正交布置的下凹形承重索和上凸形稳定索相互张紧而成，索网自重仅为7kg/m²，而所承受屋面荷载达120kg/m²。从该馆选择马鞍形悬索结构的形式来看，主要具有如下三个方面的优点：

（1）在观众厅容量相同的条件下，椭圆形比赛大厅能获得更多的视线较好的席位。

（2）在相同的条件下，一般马鞍形悬索结构的技术经济指标优于其他结构形式。

（3）马鞍形或近似马鞍形的屋盖形式，使观众厅的空间利用较为合理，有利于音质和空调的处理。

总之，马鞍型的悬索结构，具有较大的刚度，与其他悬索结构形式相比，抗风和抗震性能较好，并有利于排除雨水。在注意解决整体结构稳定性的前提下，不失为大跨度公共建筑中的良好结构形式。

2）空间薄壁结构在公共建筑中的运用

常称为薄壳结构的空间薄壁结构，是大跨度公共建筑中采用的另一种结构形式。因为钢筋混凝土具有可塑性能，作为壳体结构的材料是比较理想的。一般具有如下几个特性：

（1）壳体结构的刚度，取决于它的合理形状，而不像其他结构形式需要加大结构断面，所以材料消耗量低。

（2）壳体结构不像其他结构形式那样，静载是随跨度增长而加大的，所以其厚度可以做得很薄。

（3）壳体结构本身具有骨架和屋盖的双重作用，而不像其他结构形式，只起骨架作用，屋盖结构体系需要另外设置。由于承重与屋盖合而为一，使这种结构体系更加经济有效，且

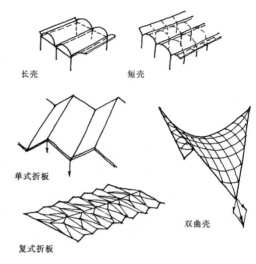

长壳　　短壳

单式折板

复式折板

双曲壳

图4-16　壳体结构的常用形式

图4-17　福州火车站候车厅

在建筑空间利用上越加充分。

综上所述可以看出，因为壳体结构是属于高效能空间薄壁结构范畴的，可以适应于力学要求的各种曲线形状，所以它承受弯曲及扭转的能力远比平面结构系统大。另外，因结构受力均匀，从而可充分发挥材料的性能，大大降低结构的重量和材料的消耗，所以壳体结构体系非常适用于大跨度的公共建筑，常用的形式有筒壳、折板、波形壳、双曲壳等（图4-16）。例如福州火车站（图4-17）的候车大厅，屋盖是由五波20m跨的长筒薄壳组成，面积为

1200m²，净高为13m，可容纳1000人左右。又如山东体育馆则是采用双曲扁壳的例子，如图4-18所示，比赛大厅屋顶的双曲扁壳边长为48m×48m，板厚仅为7cm，拱高为拱跨的1/5，屋顶结构与建筑空间之间的配合，比较紧凑合理。又如法国巴黎工业展览馆，为218m/218m/218m的三角形装配整体式钢筋混凝土薄壳，即：把预制好的双曲板，在现场浇制成整体结构系统。该建筑的壳体由地面至拱高为48m。壳体本身因选用了多波的双层结构，总厚度为65cm，所以整个壳体结构具有较大的刚度，并能承受弯曲与扭转的作用，同时对隔热、隔声、电气及采暖等也有周密的考虑（图4-19）。又如意大利罗马的奥运会体育馆，建筑平面为圆形，直径达100m，可容纳14000名观众，屋盖边缘部分为折波形钢丝网水泥装配式结构（图4-20）。

在国际上，由于结构技术的不断发展，已出现了介于折板和壳体之间的新型结构，如蛇腹形的折壳结构等。蛇腹形折壳结构依受力后的弯曲线，使构件由跨中向端部变截面，其中间部分可承受最大的弯矩。这种结构形式远比梁柱结构和一般形式的壳体刚度大，结构高度小（一般折高为1m左右），而且音响效果较好。如建在巴黎的联合国教科文总部的会议厅，是采用钢筋混凝土折壳结构的形式（图

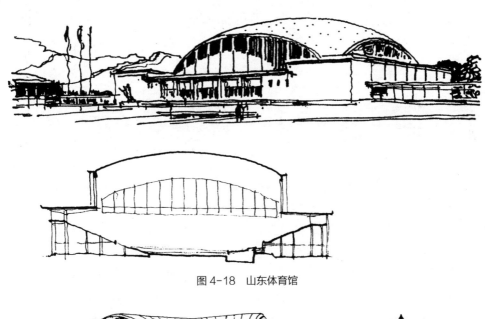

图4-18　山东体育馆

图4-19　法国巴黎工业展览馆

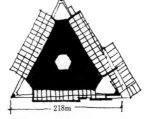

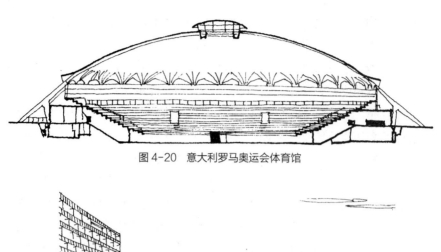

图4-20　意大利罗马奥运会体育馆

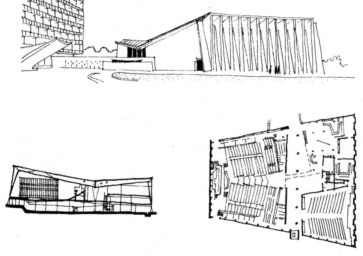

图4-21　巴黎联合国教科文总部会议厅

4-21），该会议厅拥有1000人的大会议厅和500人的小会议厅。大会议厅的折壳跨度为40m，内部高度为12~14m。该建筑端墙折壳结构的处理，能够与屋盖折壳体系相结合，融会成一个完整的统一体。同时在屋盖与两侧墙之间采用了滑动连接的技术措施，使折壳体系既能承受风力，又能保证屋盖结构抵抗因温度或其他因素而产生的变形影响，在新型结构的建筑设计经验上，是值得借鉴的。

3）空间网架结构在公共建筑中的运用

当今，空间平板网架结构体系，在我国已

有较大的发展。网架结构多采用金属管材制造，能承受较大的纵向弯曲力，与一般钢结构相比，可节约大量钢材和降低施工费用（根据有关资料统计，节约钢材约35%，降低施工费用约25%，甚至在某些情况下，耗钢量接近于普通钢筋混凝土梁中的钢筋数量）。因此，空间网架的结构形式，用于大跨度公共建筑，具有很大的经济意义。另外，由于空间平板网架具有较大的刚度，所以结构高度不大，这对于大跨度空间造型的创作，具有无比的优越性。常见的网架形式有圆形、方形、矩形、六角形及八角形等。如上海体育馆的网架形式为圆形（图 4-22），直径为 114m，总建筑面积 47800m²，容纳观众 18000 人；南京五台山体育馆的网架形式为八角形（图 4-23），长向为 88.6m，短向为 76.8m，总建筑面积为 17930m²，容纳 10000 名观众；北京首都体育馆的网架形式为矩形（图 4-24），东西长为 122.2m，南北宽为 107m（其中比赛大厅为 99m×112.2m），建筑面积约 40000m²，能容纳观众 18000 人。总之，随着我国高新技术的不断发展，尤其是轻质高强钢材的不断更新，深信新型的空间网架结构体系，一定会日新月异、飞速发展的，这将为大跨度公共建筑

空间的创造提供了更加宽广的前景。

此外，近年来由于先进技术的不断发展，充气结构类型在国外某些公共建筑中，特别在大跨度公共建筑中采用。所谓充气结构，系指薄膜系统充气后，使之能承受外力，形成骨架与围护系统，两者结合为统一的整体。如气承式的充气结构类型，充气后的薄膜大部分受拉，从而可以使薄膜材料充分地发挥耐拉的效能。此外，风雪、震荡、自重等荷载，大部分由薄膜内外压差所承受，因此自重可从略不计，这是充气结构体系最大的优越性。因此目前大跨度公共建筑，如博览会、体育馆建筑使用得比较多。例如 1975 年在美国建成的亚

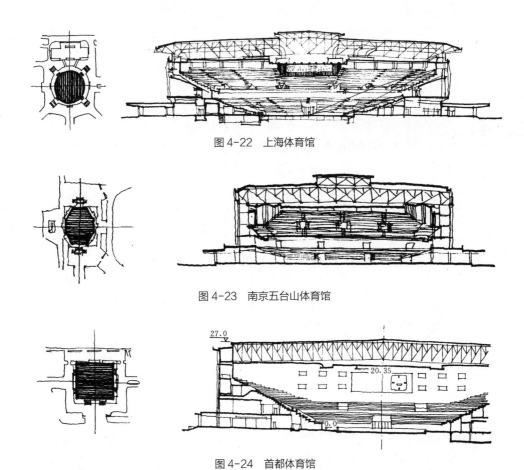

图 4-22　上海体育馆

图 4-23　南京五台山体育馆

图 4-24　首都体育馆

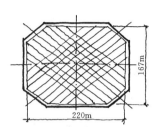

图 4-25   美国充气结构的亚克体育馆

克体育馆（图 4-25），容量高达 80000 名观众。该建筑的薄膜气承屋盖面积为 35000m²，是目前世界最大的充气建筑。在这座充气建筑中备有电子报信系统，能及时反映出漏气、漏水等故障，以利及时的修复。当然，充气结构的历史还比较短，尚有不少问题需待进一步研究，诸如充气薄膜材料的老化、充气结构体系的精确计算等问题。我国在充气结构技术方面，也有一定的发展，但多处于研究与试制阶段。常用于较小规模的临时帐篷、库房、展览厅等。图 4-26 所示为一座 100m² 的聚氯乙烯薄膜气承式试验建筑，平面尺寸为 12m×8m，高 5m。实验证明，这种结构的潜力颇大，具有包装小、自重轻、拆装快、投资少等优点。应当看到各种建筑技术的科技含量不断提高，尤

其是高分子材料的日益更新与发展，预计充气结构体系，也会得到相应发展的。

以上所述的仅仅是建筑结构类型中的常见形式，还有其他的结构形式就不一一列举了。在进行公共建筑设计时如何结合功能要求、材料情况、施工条件、空间处理、艺术造型等方面的具体情况，优选合适的结构形式，既是公共建筑空间组合的重要内容之一，也是创造良好造型的依据。从公共建筑与结构形式的相互关系来看，结构选型的问题对于某些层数不高、跨度不大、要求不甚复杂的公共建筑，多选择混合结构或外墙内柱混合的半框架结构及剪力墙板结构；高层公共建筑多选择框架结构及框筒结构等形式；大跨度公共建筑，在材料与施工条件允许下，多选择悬索结构、壳体结构和网架结构等形式。概括地说，无论是从建筑历史抑是从今后发展来看，在建筑设计创作中，结构因素的影响是举足轻重的，古今中外优秀的公共建筑作品，总是与良好的结构形式相辅相成浑然一体。因此，作为建筑工作者，在结构选型的问题上，决不能掉以轻心，应把这个问题纳入总体构思中，才有可能比较完善地解决建筑的空间组合问题。

图 4-26   小型充气试验建筑

4.2　公共建筑与设备技术

建筑设备主要包括采暖通风、空气调节、电器照明、通信线路、闭路电视、网络系统、自动喷淋以及煤气管网等。由于建筑设备技术的不断发展，不仅给公共建筑提供了日益完善的条件；同时也给公共建筑设计工作带来了不少的复杂性。为此，在建筑空间组合的创作中，除应给予足够的重视外，还应运用高超的设计技巧，加以综合全面的解决。

处于寒冷地区的公共建筑，一般都需要考虑采暖的问题。对于标准较高的宾馆、饭店、写字楼以及聚集人流较多的体育馆、影剧院、展览馆、超级市场等公共建筑，往往需要装设空气调节。装设采暖、通风及空调设备，相应地需要安排设备用房，其中包括锅炉房、冷冻机房以及风道、管道、散热器、送风口、回风口等设施，它们皆需要占据一定的建筑空间，因此设备布置与空间组合，存在着密不可分的关系。当然，城市热力网的发展，将从城市总体规划上统一设置设备用房，从而可以删掉单体、群体或一定设备用房的累赘。但在没有城市热力网系统的情况下，依然需要考虑如下一些问题：

在总体环境与建筑布局中，要恰当合理地安排设备用房的位置，如锅炉房、水泵房、冷冻机房以及其他机房等辅助设施。在高层公共建筑中，除在底层及顶层考虑设备层外，还需要在适当的层位上考虑设备层，以解决设备管网的设置问题（图4-27）。另外，在公共建筑的空间组合中，要充分考虑设备的要求，力求做到建筑、结构、设备三方面的合理解决。特别是对于采用集中式空调系统的公共建筑，由于风道断面大，极易与空间处理及结构布置发

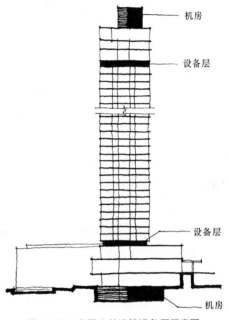

图 4-27　高层公共建筑设备层示意图

生矛盾，因而需要注意各种管道穿过墙体、楼梯等处对结构安全度的影响。装设空调房间的送风口、回风口等，除需要考虑使用要求外，还需要与建筑细部装修设计相配合。在设计时应采取各种技术措施，降低设备机房及风管等处发出的噪声。此外，在考虑人工照明与电气设备时，应采取相应的技术措施解决防火、隔热等问题，应与空间组合、结构布局统一考虑，才能全面地解决公共建筑设计的综合问题。

综上所述，公共建筑设计除需要考虑结构技术问题之外，还应深入考虑设备技术的问题。否则，不仅会影响建筑空间的完整与使用，同时也会影响设备本身的质量标准与正常运转。下面将各种设备技术的基本特点与公共建筑设计的关系，分别论述如下。

4.2.1 采暖

一般的采暖系统，常用的有热水与蒸汽两种采暖方式，热水采暖系统的散热器表面温度不甚高，因此给人以舒适感。再加之热水的热惰性大，冷却又较慢，室温容易保持均匀稳定，没有暴冷暴热的现象。所以这种采暖方式适用于医院、幼儿园或旅馆等类型的公共建筑。蒸汽采暖系统，散热器的表面温度远比热水供暖为高，有升温快冷却也快的特点，常适用于短时间采暖或间歇性采暖的公共建筑，如学校、会堂、影剧院等。

近年来，我国采暖技术也在不断地发展，新的采暖方式有地板辐射采暖、带型辐射板采暖以及热风采暖等。新兴采暖技术的不同性能特点，必然会对公共建筑设计提出许多新的要求，应当在建筑空间组合中加以综合地解决。

4.2.2 空气调节

在标准比较高的公共建筑中，如体育馆、影剧院、会堂、电讯楼、宾馆、餐厅、医院、展览馆、百货大楼、超级市场等，常要求装设空调设备，以便调整室内温度、湿度、风速与洁净度，从而可以保证室内有良好的空气环境和适宜的温度。常用的空气调节系统有如下三种方式：

集中空调系统：具有服务面大，设备固定，机房集中，管理方便，风速较低和容易消声等优点。但是这种系统也存在着不少弱点，如：机房大，风道粗，层高大等弊端，对高层建筑颇为不利。尤其在整体系统中，不能完全满足各房间的局部要求，即风量不易调整使用，致使运行费用过高。基于这些缺点的存在，不适合用于风量不大、服务面复杂、建筑空间分割较小的公共建筑，如宾馆之类的公共建筑。常适用于风量大而集中的大空间公共建筑，如影剧院、体育馆等（图4-28）。为了克服集中式空调系统的缺点，某些大型公共建筑往往采取分成几个空调系统进行运转。如高层公寓或其他高层的公共建筑可以分层设置系统，大空间的公共建筑可以分成几个区域设置分段系统，以利于解决系统的均衡问题。

高速诱导系统：在此系统中能比较好地处理本身室内的空气质量，所以房间之间没有相互交叉污染的问题，因而具有较好的卫生条件。其优点是该系统的送风量较少，风道断面也不大，并能省掉回风管道。但是，这种系统

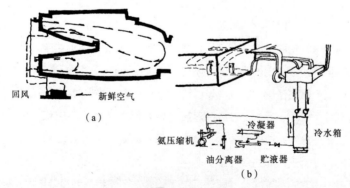

图 4-28
（a）剧院气流组织示意图；（b）空调系统示意

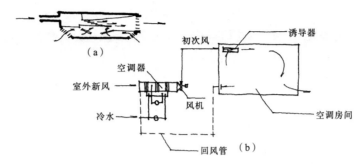

图 4-29 空调设备系统诱导器系统图
(a) 诱导器; (b) 空调系统示意图

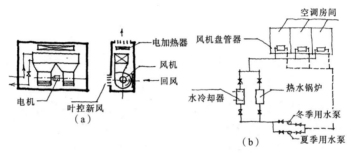

图 4-30 空调设备系统风机盘管组织图
(a) 风机盘管示意图; (b) 系统示意图

由于风速偏高,产生的噪声偏大,因而需要采取有效的消声措施。另外,这种系统不宜装设滤尘器,宜在比较清洁的空间中选用。每台诱导器的作用深度,一般在 6m 以内较为有效。因宾馆建筑中的客房符合上述的有效距离,所以采用得比较多(图 4-29)。

风机盘管系统:是由风机和盘管组合而成的空调设备,也称风机——盘管机组。它的优点是:各个单独空间可自行调节室温,不用时也可局部关闭风机等。因此适用于空间组成复杂,灵活调节室温的公共建筑,例如高级宾馆、精密实验室等。盘管风机的形式主要有立式和卧式两种。通常将立式风机明装在窗台下面,而卧式风机可暗装在靠近房间走廊的吊顶内,见图 4-30。

在公共建筑的空间组合中,无论采用哪种

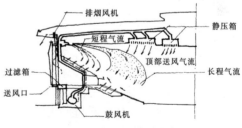

图 4-31 上海体育馆气流组织示意图

类型的空调系统,都存在着气流组织的问题。应该做到将处理好的空气,送到人们活动或逗留的区域,使整体活动空间的气流,保持合乎标准的温湿度、洁净度及送风速度,并能及时地排除污浊的空气,保持均匀稳定、舒适合理。图 4-31 是上海体育馆空气调节的气流组织示意图。

对于大型整体空间的公共建筑,如体育

馆、影剧院、会堂、超级市场等，多采用集中式空调系统，其气流组织主要有上送下回与喷口送风两种。上送下回的气流组织，系指气流从上向下流动，具有路线短捷、容易控制的优点。以影剧院建筑为例，如果选择上送下回的气流组织，则能形成迎面风，可以增强舒适感。但是，当顶棚较低时，容易造成部分气流从后面或侧后方吹向观众，这样的效果就比较差一些。另外，喷口送风的气流组织，在影剧院、会堂建筑中，可选用高速送风口的方式，它一般装在观众厅后墙的上部。这样喷出的气流，很自然地沿着顶棚下皮流向舞台的前方，经过组织再将气流折回，使观众接受舒适的迎面风。另外，它还具有管道短和不占用顶棚上部空间等优点，所以适用于一些新型屋顶结构形式，如空间薄壁结构、悬索结构与网架结构等大跨度的公共建筑。而对于某些标准较高或高层的公共建筑，宜采用风机盘管或高速诱导器的送风方式。

4.2.3　人工照明

在公共建筑的空间组合中，人工照明的设计与安装，应满足以下的要求，即：保证舒适而又科学的照度、适宜的亮度分布和防止眩光的产生、选择优美的灯具形式和创造一定的灯光环境的艺术效果。由于各类公共建筑的使用性质不同，对照度要求也是不一样的。一般学校中教室的照度，应满足学生看清黑板上的字迹、教师的示范实验以及做笔记的要求；会堂建筑观众厅的照度，应满足与会者阅读文件和做记录的要求；剧院、体育馆观众席的照度，应满足在表演间歇时观看节目单的要求等。至于剧院舞台与体育馆比赛场地的照明，随着表演内容不同而不同。例如在大型会堂中，如果考虑拍摄电影的要求，所需要的照度约在500lx以上。若考虑彩色电视的录像，所要求的照度标准还要高。但是一般会堂建筑的照度通常定为200lx左右就能满足阅读文件等一般的要求。又如体育馆的照度标准，是与比赛内容密切相关的，例如进行乒乓球比赛时，台面最低的照度应保持430lx以上，而一般球类及体操比赛，场地最低照度约在200~250lx左右。各类公共建筑人工照明的照度标准，可参见《建筑设计资料集》的有关内容。

在大空间的公共建筑中，除考虑照度的要求外，还应考虑亮度的分布问题，以保证视觉的舒适感。同时，适宜的亮度，还能创造出良好的空间气氛。亮度的分布通常与照明的方式及天花、墙面颜色的反射系数有关。例如阶梯教室，如果在装设黑板的墙面上，过大的亮度会形成与黑板的强烈对比，这样就会分散学生的注意力，并容易造成视觉疲劳的后果。同样，在会堂的建筑中，如果观众厅中的天花、墙面亮度暗淡，即使观众席位达到了足够的亮度，也会产生沉闷的感觉。相反，在剧院建筑中，往往利用亮度的差别，引导观众视线的集中。如在开演时，为了加强演出的效果，把观众的视线吸引到舞台上，往往把观众厅周围环境的亮度，控制得暗淡一些，与舞台表演区的亮度形成强烈的对比，借以增强演出的气氛。上述这些恰好说明了人工照明处理，是与一定的功能要求和特定的艺术气氛相结合的。

在考虑人工照明时，应注意解决眩光的问题。一般的白炽灯、碘钨灯如果处理不好，容易产生眩光。而荧光灯由于表面亮度比白炽灯小，因此即便明装，也不会引起耀眼的眩光感觉。当光源与人眼处在0°~30°范围时，眩光

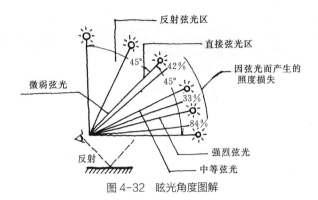

图 4-32　眩光角度图解

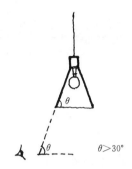

图 4-33　灯具保护角示意图

最为强烈（图 4-32）。通常采用加大灯具保护角，控制光源不外露等方法，作为防止产生眩光的措施（图 4-33）。此外，还可以采取提高光源的悬挂高度，选用间接照明或漫射照明等减弱眩光的措施。

在考虑灯光照明时，灯具形式要与整体建筑空间的艺术环境相协调，同时还应把阴影效果考虑进去。当阴影效果柔和适度，则可增强物体的立体感和视觉的舒适感。如果阴影强烈，致使物体与背景之间产生过分对比的情况，则容易引起眩目与视觉疲劳，尤其像体育馆这类公共建筑，多要求比赛区不产生阴影，而用提升灯具高度和增加光源数量的方法解决这个问题。

根据照度的分布，人工照明可分为一般照明、局部照明与混合照明三种形式。按受光的情况，又可分为直接照明、半直接照明、间接照明、漫射照明等类型。在公共建筑设计中，结合功能要求及空间艺术处理的需要，选择适宜的照明方式，使灯光效果与建筑空间的设计意图相互协调。

目前人工照明的光源，基本上有三种：白炽灯、荧光灯与碘钨灯等。白炽灯和碘钨灯的光色偏暖，荧光灯的光色偏冷。一般荧光灯比

白炽灯的发光效率高，且表面亮度小，温度低，耗电小，因而寿命长，这些都是它的优点。碘钨灯比白炽灯体积小，光色好，光效高，寿命长，因此适用于大空间的公共建筑。由于上述三种光源的光色不同，在选用时应结合空间艺术处理的要求，发挥各种照明效果的特点。

人工照明设计，应使光源的光通量射向需要照明的区域，尽量减少光能的无益损耗，因而常用各种反射罩、反射面以及扩散格片，以加强光线向指定的区域反射（图 4-34）。如果需要光线柔和的效果，则可采用漫射罩，在考虑照度时，应把漫射罩损失的光补充进去（图4-35）。

另外，白炽灯、碘钨灯的表面温度皆较高，尤其是大功率综合型的灯泡或灯管组合在一起时温度更高，因此在嵌入式的灯具设计中，必须考虑防火的措施。在公共建筑的空间组合中，大面积的照明设计，常和空调、音响等项设备的安装有矛盾。因此，应统一考虑建筑、结构、空调、音响等方面与人工照明之间的协调问题。国外有的甚至将电气照明发出的热量进行采暖，在热天，则可采取将灯槽中的热量，从屋面层吸走等措施。如此综合的解决

扩散格片

反射灯槽

图 4-34　光照射对象示意图

图 4-35　漫射罩示意图

方法，不仅可以减轻设备的负荷，而且还可以充分利用建筑的空间。

公共建筑的人工照明设计，除考虑上述的技术问题之外，还应考虑灯具的美观问题，应赋予一定的装饰性，使灯光的造型与建筑的使用性质和空间处理相协调，起到点缀空间，引导空间，扩大空间及丰富空间的作用。灯具设计，还应与整体空间的设计意图相协调，如果处理得好，既可增强建筑的艺术气氛，又可给人们留下强烈的印象。

除以上所述的结构、设备等问题外，还应考虑施工技术的问题。公共建筑中的空间组合、细部装修、结构形式、设备布置等，远比住宅建筑复杂得多，因此对施工技术水平的要求较高。在进行公共建筑设计时应充分考虑当地的施工条件，否则将会导致提高施工费用，影响施工质量等后果。在空间组合与结构选择的问题上，应密切考虑施工单位的施工能力和设备条件，防止结构构件的高度和构件的重量受到影响，继而影响建筑的跨度和层数。此外，在建筑材料的选择方面，应优先采用低价优质的地方材料，这样不仅可以节约三材、降低造价，而且还可以加快施工进度。对于某些高级材料，如进口的大理石、硬木、有色金属等因价格昂贵，施工困难，可根据公共建筑的性质与标准慎重选用，即使采用也应掌握重点使用的原则，切不可滥用。同时，也应看到由于施工技术的不断发展，必然向建筑设计不断地提出新的课题与要求，因此在进行设计构思时，除需要深入考虑结构、设备等技术问题外，还应把施工技术问题考虑进去，才能更加全面地解决公共建筑空间组合的问题。

应当指出，随着我国现代化的进程，建筑技术的不断发展，建筑工业化、工厂化、机械化、装配化的日臻完善，先进的结构、设备与施工技术以及环境保护技术等的不断涌现，必然会促进公共建筑设计水平向新的高度发展。新的技术成就，不仅会更好地满足新的功能要求，而且也会给崭新的建筑造型艺术创造更加优越的条件。

4.3　公共建筑的经济分析

公共建筑的经济问题，涉及的范围是多方面的，如总体规划、环境设计、单体设计和室内设计等，但是在考虑上述各方面的问题时，应把一定的建筑标准作为思考建筑经济问题的基础。因为不符合国家规定的建筑标准，过高过低都会带来不良的后果。当然，对建筑设计工作者来说，应坚持遵循规范与标准，防止铺张浪费，锐意追求建筑设计的高质量。另外，由于建筑的地区特点、质量标准、民族形式、功能性质、艺术风格等方面的差异，在考虑经济问题时，应该区别对待。如大量性建造的公共建筑，标准一般可以低一些，而重点建造的某些大型公共建筑，标准可以高一些。尽管如此，对于档次较高的大型公共建筑，仍需控制合理的质量标准，防止不必要的浪费。当然，也应防止片面追求过低的指标与造价，致使建筑质量低下。

评价建筑设计是否经济，可以从多方面考虑，其中涉及建筑用地、建筑面积、建筑体积、建筑材料、结构形式、设备类型、装修构造以及维修管理等方面的问题。但是在进行公共建筑设计时，应在满足功能使用与造型艺术的要求下，节约建筑面积和体积应是一个比较突出和经济有效的问题。常用的面积系数有：

有效面积系数 = 有效面积 / 建筑面积
使用面积系数 = 使用面积 / 建筑面积
结构面积系数 = 结构面积 / 建筑面积

式中　有效面积——建筑平面中可供使用的面积；

使用面积——有效面积减去交通面积；

结构面积——建筑平面中结构所占的面积；

建筑面积——有效面积加上结构面积。

从上述的面积系数分析中可以看出，在满足使用要求和结构选型合理的情况下，其有效面积越大，结构面积越小，越显得经济。其中结构形式对建筑中有效面积的影响是不小的，一般框架结构的建筑有效面积较混合结构的建筑要大。古代砖石结构建筑的结构面积系数有时几乎达到 50%，而近代框架结构建筑的结构面积系数则可降至 10%左右，有的甚至可低于 10%。在实际工作中，一般性公共建筑通常以使用面积系数控制经济指标。如中小学建筑的使用面积系数，约在 60%左右即可。

有些公共建筑，只控制面积系数，依然不能很好地分析建筑经济问题，还必须考虑如何充分利用空间，并在空间组合时尽量控制体积系数，也是降低造价的有效措施。例如体育馆的比赛大厅、影剧院的观众厅、铁路旅客站的候车大厅、展览馆的陈列厅、超级市场的营业大厅等，在相同的面积控制下，如果对建筑体积未能加以控制，其体积系数可能出入很大。即使在一般性的公共建筑中，诸如学校、医院、旅馆、办公楼等，若对层高选择偏高，则因增大了建筑体积，而造成投资显著地增长。这就表明，选择适宜的建筑层高，控制必要的建筑体积，同样是经济有效的措施。通常采用的建筑体积系数控制方法如下所示：

有效面积的建筑体积系数 = 建筑体积 / 有效面积
建筑体积的有效面积系数 = 有效面积 / 建筑体积

其中　建筑体积应包括屋顶及地下室的体积。

从上两个控制系数的分析来看，单位有效面积的体积越小越经济，而单位体积的有效面积越大越经济。所谓越大或越小是相对的，需要建立在使用合理、空间完整的基础上，偏大偏小的系数都不具有实际意义。如剧院观众厅的体积指标，可控制在 $4\sim9m^3/$ 座的范围之内，一般为 $4.2m^3/$ 座。剧院观众厅的有效面积可控制在 $0.7m^2/$ 座左右。有了这些经验数字，才能在建筑设计方案中考虑系数值的经济性、适用性与可能性。

在考虑建筑经济问题时，除需要深入分析建筑本身的经济性外，建筑用地的经济性也是不容忽视的。因为增加建筑用地，相应地会增加道路、给排水、供热、煤气、电缆等项管网的城市建设投资，此外还会加大城市规模，造成多占农田与管理复杂的问题，一般建筑室外工程费用约占全部建筑造价的 20% 左右。当然，我们说尽量节约用地，不等于说把合理的使用要求置于不顾，去追求片面经济指标效果，而是需要持实事求是的态度，做到既不浪费土地，又能满足卫生防火、日照通风、安全疏散、布局合理、体形美观、环境优美等基本要求。此外，在节约用地的问题上，建筑本身的紧凑布局、提高层数、争取进深等，也同样是节约用地的有力措施。值得注意的是，单体建筑设计如果做到了充分利用空间，对节约用地是有积极意义的。因为在同样用地的条件下，面积或体积系数提高了，就等于降低了用地。一般城市规划部门提出若干用地定额，以保证用地的经济性，例如小学每个学生控制用地定额为 $15\sim30m^2$，中学每个学生控制用地定额为 $20\sim35m^2$；又例如 400 床以上的医院，每张病床的用地面积为 $90\sim100m^2$ 等。

在建筑设计中，有相对性质的技术经济分析，如上述的一些运用比例系数值的控制方法。另外还有绝对性质的经济分析与控制的方法，即常用的建筑工程概算、预算和决算。但是，在方案设计阶段，应着重注意相对的技术经济指标分析，这样可以给予定案后的概算，奠定一个比较经济的基础。当然，在运用相对指标分析问题时，需要持全面的观点，防止片面追求各项系数的表面效果，诸如过窄的走道、过低的层高、过大的进深、过小的辅助面积等，不仅不能带来真正的经济效果，而且会严重地损害合理的功能要求与美观要求，这将是最大的不经济。

总之，在公共建筑设计中，建筑经济问题，是一个不容忽视的重要方面。如果说功能与美观的问题是公共建筑设计的基础；建筑技术是构成建筑空间与体形的手段的话，那么经济问题则是公共建筑设计的重要依据。所以，在着手进行公共建筑的空间组合时，应力求布局紧凑，充分利用空间，以期获得较好的经济效果，才是合理而又全面地解决设计问题的良好方法。

公共建筑的空间组合综合分析

综上所述可以看出，公共建筑设计质量的好坏，是与透彻的功能分析、完美的艺术构思、合理的结构选型、适宜的设备布置、深入的经济比较以及紧凑的总体空间环境布局分不开的。但是在进行空间组合时，应密切结合具体情况，做到主次清晰，层次分明，条理有序，并经过全面而又综合地研究和分析，才能找到设计中的问题和获得解决矛盾的方法。

公共建筑常以一个单体或一组空间组合而成，因而在进行设计构思时，应是三度空间的设计工作。但是，在具体设计过程中，为了剖析问题和表达设计意图方便起见，常将一幢或几幢建筑分解成平面、剖面和立面的图式。但是，切忌将一个完整的建筑空间概念，简单地理解成为彼此割裂、截然划分的片段。这是因为平面布局、立面处理与剖面设计，三者除应反映功能要求外，还应反映空间的艺术构思和结构布置等方面的关系。所以，综合考虑平面、立面与剖面三者之间的关系，才能正确地进行建筑空间组合的设计工作。

为了论述方便，在公共建筑设计中，常可按不同的组合方式，大体归纳成为如下五种基本类型，即：分隔性的空间组合，连续性的空间组合，观演性的空间组合，高层性的空间组合以及综合性的空间组合等，下面依次进行分析。

5.1 分隔性的空间组合

概括地说，分隔性空间组合的特点是以交通空间为联系手段，组织各类房间。各房间在功能要求上，基本要独立设置。所以各个房间之间就需要有一定的交通联系方式，如走道、过厅、门厅等，形成一个完整的空间整体，常称之为"走道式"的建筑布局。这是一种使用比较广泛的组合形式，特别对于某些公共建筑类型来说尤为适用，例如行政办公建筑、学校建筑、医院建筑等。走道式的布置方式常用的有两种：一是走道在中间，联系两侧的房间，称为内廊式，二是走道位于一侧，联系单面的房间，称为外廊式（图5-1）。

内外廊布局方式各有利弊。内廊式布局的主要优点是走道所占的面积相对较小，一般比外廊式布局经济。但是，这种布局的房间朝向基本上有一半欠佳，所以在采用内廊式布局

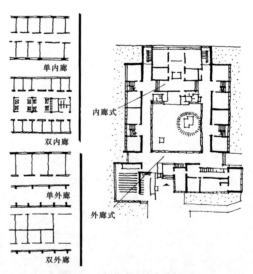

图5-1 走道式平面布置示例

时，为了克服上述的缺点，一般将楼梯间、卫生间、储藏间等尽量地布置在方位较差的一

侧。另外，这种布局若处理不好，极易造成走道采光不足，通常宜在走道端部开设窗子，以解决走道的采光问题。尽管如此，也不能从根本上克服这种布局的缺点，所以有的地区特别是我国南方炎热地区，为了争取良好的通风、采光和日照，往往选用外廊式布局。当然，外廊式布局与内廊式布局相比，有优越的一面，即所有的使用房间几乎都可以争取到良好的朝向、通风和采光。但是这种布局容易造成交通走道过长，辅助面积偏大，建筑进深过小等缺点。故在我国北方地区除某些特殊需要外，常采用内外廊相结合的布局，借以取得功能分区明确、使用关系紧凑、通风采光良好的效果（图 5-2）。

为了了解走道式布局的基本特性，以下选取办公建筑、学校建筑及医疗建筑作为典型的例子加以剖析，借以寻求解决问题的一般方法，并从中找出规律性的设计经验，达到举一反三的目的。

随着管理体制的改革，办公的方式也在不断更新。对于一般性的办公建筑，虽然在使用性质、规模大小、组成繁简等方面存在着差异，但是它的基本特征还是一致的。即：常以走道、过厅等交通空间作为联系的手段，组织各个办公空间和辅助空间，以构成办公建筑空间的整体性。诚然，办公建筑常因不同的管理体制，产生不同的房间组成，但是为了抓住行政办公建筑中各主要组成部分之间的关系，一般仍可将房间组成按使用性质归类，作为空间组织的依据。在设计过程中，依照办公建筑的具体特点，使不同使用空间之间的组合通顺合理，创造良好的工作条件，同时在不影响安全管理的基础上，使其内外联系方便，这些就是办公建筑空间组合首先需要解决的问题。其次，还必须针对不同组成部分的需要，合理地选择与之相适应的结构与设备的类型。为了深入理解上述的问题，下面将从几个主要的方面进行论述。

在办公建筑空间环境中，主要使用性质的房间又可分为办公和公共两大部分。这两大部分是行政办公建筑的主要组成，其他如辅助部分和交通联系部分都应为这一主要组成服务（图 5-3）。

一般行政办公部分的空间组合方式有二：一是分段布置，二是分层布置。分段布置的方法：是常将对外联系多的科室布置在靠近主要出入口的附近，如传达室、收发室、接待室、总务室等。而将其他科室也尽量按其特点编组，进行分段布置（图 5-4）。分层布置的方法是：一般将对外联系频繁的科室放在一

图 5-2　某中学平面图

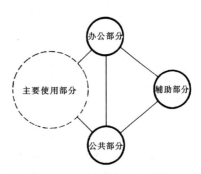

图 5-3　办公建筑组成关系图解

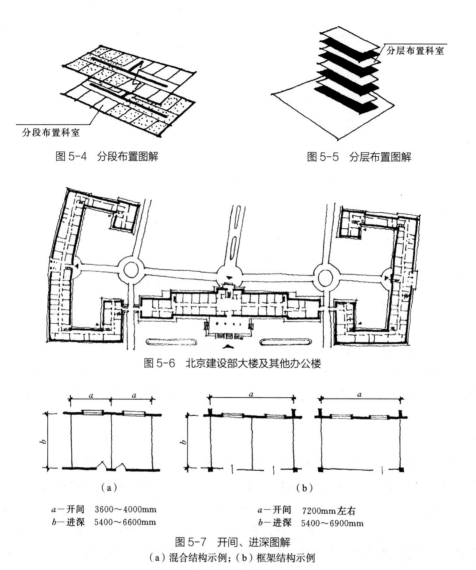

图 5-4　分段布置图解

图 5-5　分层布置图解

图 5-6　北京建设部大楼及其他办公楼

a—开间　3600~4000mm
b—进深　5400~6600mm

a—开间　7200mm左右
b—进深　5400~6900mm

图 5-7　开间、进深图解
（a）混合结构示例；（b）框架结构示例

层，中间层多布置领导办公室及与之联系比较密切的科室，而将最上层布置一些对内或保密性较强的科室（图5-5）。另外，如图5-6所示为北京某办公大楼，在楼内安排了几个单位使用，其中按分段或分层隔开，属综合性的布局方式。在进行布局时，还应注意开间与进深尺寸的选择，因为办公用房的开间与进深，是关系到使用是否方便，室内采光是否合适，结构是否合理，投资是否经济等的重要问题（图5-7）。行政办公建筑的主要空间，除办公部分之外，有时需要布置一些供集体活动的会议厅或礼堂。这时，应考虑疏散的安全和环境的安静等问题。另外，在安排大会议厅的位置时，由于它具有空间大、人数多的特点，可考虑布置在楼房的顶层，其优点是节约用地、空间灵活及结构合理等（图5-8a），缺点是上下不方便，若处理不好甚至会影响中间层环境的安静和正常的活动。也有的将会议厅布置在底

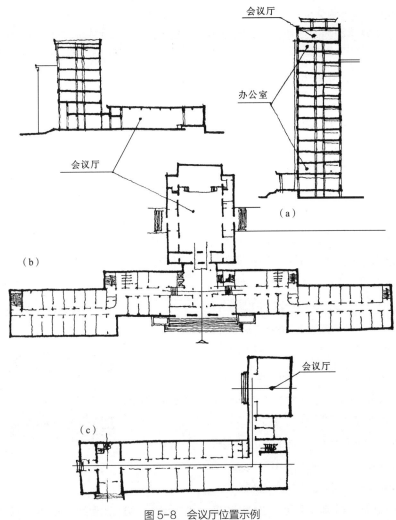

图 5-8　会议厅位置示例
（a）会议厅布置在顶层；（b）布置在门厅后部；（c）布置在尽端

层，其部位可以在建筑的门厅后部或底层尽端
（图 5-8b、c），一般具有结构灵活、疏散方便
及对办公部分干扰较少等优点，但都需要与交
通枢纽空间密切配合，方能取得良好的效果。
另外，也应考虑卫生间的合适位置，以使用方
便为原则，并应保证较好的通风与采光。至于
库房、储藏室等用房，可以布置在采光较差的
暗角，以充分利用建筑中不宜于安排办公用房
的部位（图 5-9）。其他辅助房间，都应根据

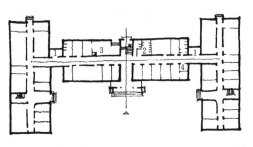

图 5-9　辅助用房布置示例
1—仓库；2—卫生间；3—储藏室；4—工具室

它与使用房间之间的关系和要求，布置在适当的部位，通常布置在朝向稍差和比较隐蔽的地方。

关于交通联系部分在办公建筑总体布局中的位置，在弄清功能关系、总体布局特点及空间组合形式（是对称的还是不对称的）之后，才能综合地考虑交通枢纽的部位和出入口的关系。主要出入口的布置随平面空间形式的不同而不同，但主要出入口所居的部位往往是构成整体建筑的枢纽空间这一点则是共同的。在对称的布局中，常将主要出入口的大厅空间布置在整体建筑构图的中心部位，将次要的出入口的门厅空间，安排在对称轴的次要部位（图5-10a）。有的办公建筑分成两个等同的交通枢纽，并将它们布置在对称轴的部位（图5-10b）。在不对称的布局中，常将交通枢纽布置在集散人流比较集中的部位（图5-10c、d）。其中门廊、门厅或大厅是整体建筑的中心枢纽，同时也是接待来访者办理手续或等候的地方，所以必须将出入口部分的门厅、楼梯间、收发室、传达室、会客室等综合地进行布置，使空间具备疏散畅通、使用方便的效果。

下面再以学校建筑为例，进一步分析走道式布局的特点。一般性的中小学建筑，常由数十个房间组成，房间数量虽多，但若按使用性质分类布置，就比较有条理。其中主要的使用部分有教室、实验室、图书室、音乐室等，其次是教师备课室及行政办公室等。辅助部分有厕所、仓库、锅炉房等，交通联系部分有走道、过厅、门厅等。摆好上述各部分之间的关系，既是一个功能分区问题，也是一个空间组合问题，又是创造良好的空间环境艺术问题。在进行设计的过程中，为了使空间关系主次分明，将教室、实验室等主要空间布置在主

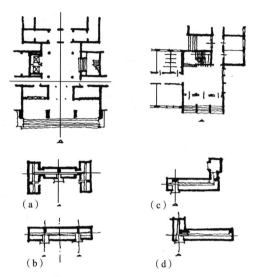

图5-10　门厅交通枢纽布置示例
（a）主要出入口布置在中轴线上；（b）布置在对称轴部位；（c）、（d）布置在人流集中的部位

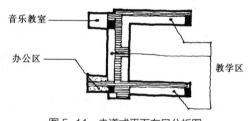

图5-11　走道式平面布局分析图

要的部位，相对次要的部位安排教师备课室及行政办公室等，并常采用分段的方法将它们隔开（图5-11），达到分区明确的目的。在强调空间分隔的同时，仍需满足空间联系的要求，使它们之间隔而不远，联系方便。另外，音乐教室发出的声音容易干扰其他教室、办公、备课等空间，因而在考虑布局时，应与一般性的教室隔开布置。如图5-11所示，在分清主与次、闹与静的基础上，运用走道、过厅、门厅将它们有机地联系起来，将使用、辅助、交通等空间，布置得层次分明、条理清晰而又空间得体，形成一个浑然一体的环境氛围。

又例如医院建筑的空间组合，也常运用走道式的布局，以解决复杂空间之间的关系。一座普通的综合性医院，可以拥有上百间甚至数百间的房间容量，如何进行空间组合呢？首先要进行比较深入地分析研究和归纳的工作，才能进入构思方案的初始阶段。在开始分析时，可以将一个医院分成三个部分，即：门诊部、住院部、供应及管理部。若从使用性质的角度继续研究的话，门诊部中有一般门诊、传染病门诊和急病门诊等。住院部中有内科病房、外科病房、儿科病房、五官科病房、妇产科病房等。公共科室有 X 光科、理疗科、化验室、手术室等。供应及管理部分中有中央供应室、住院办公用房、营养厨房、洗衣房、锅炉房、一般办公等。上述这些空间的性质，尽管有不少差异，依然可以按使用部分、辅助部分、交通部分进行空间组合，整体建筑如此，局部分段也是如此。如图 5-12 所示，是一座中等医院平面布局分析图。其中门诊部的一般门诊与急病门诊是隔开布置的，而将共同使用的药房、划价、收费等房间布置在与两部分联系方便的部位。住院部放在后翼，保证安静的住院治疗环境。此外，将供应、办公、透视、注射、化验等公共科室布置在中部，对门诊与住院两大部分的联系都比较方便。楼层部分按不同的功能分区，分层布置其他医疗科室。总之，从这

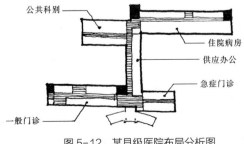

图 5-12　某县级医院布局分析图

所医院的布局分析图中，说明了运用走道联系各个房间的布局方法，是能够取得功能分区明确、交通联系方便、使用安排合理、通风朝向良好的效果。

这类公共建筑，由于自身所具有的特性，在建筑艺术性格特征上，也会有着不同于其他类型公共建筑的某些特点，下面仍以办公、学校、医院三类建筑为例进行分析。

一般标准的学校建筑、办公建筑、医疗建筑都是属于大量性建造的公共建筑，在空间组成的特性上，皆具有选择走道式布局的基础。但是由于上述的三种建筑类型的功能性质不同，因而反映在艺术形式上也各异。如中小学校建筑，主要的使用空间是教室，它远比一般的办公室要大，采光也比一般办公室要求高。所以两者相比，教室的开窗面积、开间和进深常大于办公室。此外，在人流疏散特点上，学校也不同于办公建筑，学校往往需要考虑成股集中人流的疏散，故门厅空间需要处理得宽敞通畅些。综合上述因素，就必然地构成中小学校建筑造型艺术上的某些性格特征，如成排教室的明快的窗子、通透开敞的出入口等（图 5-13）。至于办公建筑，从图 5-14 中可以看出，成排的小尺度窗子，反映出内部房间是较小的。另外，办公建筑的出入口部分，也不像学校建筑那样开敞通透。在造型气氛上，相对于学校建筑来说要求体现庄重的气氛浓厚些。综合这些内在的因素，人们常以横向或竖向的线条划分，整齐而又有规律的窗子排列，调和的色彩与稳重的材料进行装修处理，再以重点突出主要入口等手法，表现办公建筑的性格特征。

一般医院建筑在功能要求上，远比学校和办公建筑复杂得多，而在精神要求上，也不同

图 5-13　学校建筑造型示例

图 5-14　办公建筑一般性造型示例

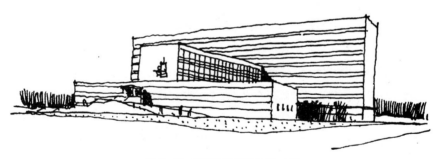

图 5-15　普通医院建筑造型示例

于学校和办公建筑。它通常要体现出宁静舒展的气氛，因此反映在体形处理上，多以横向划分的构图技巧与庭园绿化布置紧密结合，再配以清淡的色调和简洁的装修等，这些手法的综合运用，常可体现出医疗建筑平静淡雅的性格特征（图 5-15）。

　　总之，以走道联系各个空间为特点的公共建筑，虽然它们之间有不少的共同点，但是不同类型的公共建筑都会有它们自身的某些性格

特征。如疗养院，很多地方与医院相似，然而疗养院则更多地强调疗养方面的特色，因而常需要设置日光空间和一定的疗养环境，并需布置相当规模的户外或半户外的绿化休憩环境等。而在环境设计上，远比医院要求更高一些，应体现出幽静而轻松的气氛，只有抓住这个内涵的要求，才能在构思过程中，体现出独特的性格特征（图 5-16）。再如旅馆建筑，有大量的小开间客房，常反映为走道式空间组合

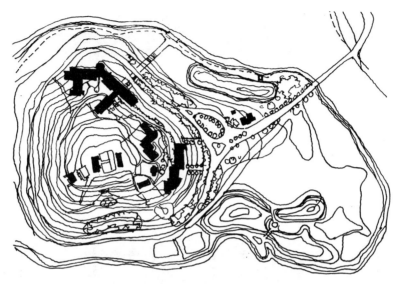

图 5-16　某疗养中心总体环境布局图

图 5-17　罗马尼亚派拉旅馆

的共性特征。而旅馆建筑的公共活动部分，如门厅、接待厅、商务中心、茶座、餐厅、娱乐场所等空间，无论在形状大小上，还是在空间组合方式上，需要体现活泼开朗、通透畅通的性格特征，因而裙房部分的公共性，恰好与客房部分的私密性，形成了鲜明的对比。综合这些因素，经过概括与加工，就能比较充分地表达出旅馆建筑的轻快特色（图 5-17）。

综合以上的分析，论述了这类建筑空间组合的基本方法，并举例加以说明，以增进其感性认识和理解深度。当然，适用于走道式布局的公共建筑，不只限于办公、学校、医院、旅馆等建筑类型，其他公共建筑有的也可采用这种布局形式，只不过是各有各的特色而已。因此，尽管各类公共建筑的布局特点不完全相同，但究其空间组合的基本原理是有不少共性的。因而在具体设计时，可以依照走道式空间组合的基本规律和方法，结合其特殊要求进行方案构思，才有可能创造出比较满意的和有意境的设计方案，也才有可能与社会的发展相匹配。

5.2 连续性的空间组合

观展类型的公共建筑，如博物馆、陈列馆、美术馆等，为了满足参观路线的要求（图5-18），在空间组合上多要求有一定的连续性。而这种类型的空间布局，基于各种因素的影响，固然千变万化，但归纳起来基本上可以分为五种形式：串联的空间组合形式、放射的空间组合形式、串联兼通道的空间组合形式、兼有放射和串联的空间组合形式、综合性大厅的空间组合形式。下面以展览建筑为例，说明各种空间组合形式的基本特点和方法。

套间流程示意图

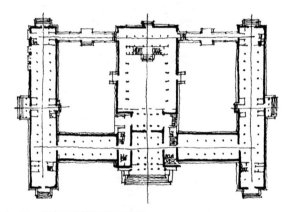

图 5-18　北京军事博物馆平面图

5.2.1　串联的空间组合形式

在展览建筑的布局中，各展览厅堂空间之间，常表现出首尾衔接，相互套穿的特点，观众可以按照一定的参观路线通过各个展厅。布局的形式依然是多种多样的，有"一"形的，如日本根律美术馆（图5-19a）、有"]"形的，如上海鲁迅纪念馆（图5-19b）、有"口"形的，如北京木材综合利用展览室（图5-19c）、有"口口"形的，如贵州省博物馆（图5-19d）以及其他形式的空间组合。这种布局形式具有流线紧凑，方向单一，简捷明确，观众流程不重复、不逆行、不交叉等优点。但是这种布局方式也存在着一定的缺点，如活动路线不够灵

活，当参观人数过多时容易产生拥挤现象，不利于单独开放某个展厅等。

5.2.2　放射的空间组合形式

将陈列空间围绕放射状的交通枢纽进行组合（图5-20），即观众在参观完了一个陈列厅之后，需返回中心枢纽空间，再进入另一个陈列厅。然而空间形式仍呈现出一定的连续性，各个陈列空间只不过是围绕中央的交通枢纽进行布置，交通枢纽空间形成了联系各展厅的中心。如某博物馆（图5-20a）和北京自然博物馆（图5-20b），基本上属于这种类型的空间布局。如图中所示，前者是以陈列大厅作为

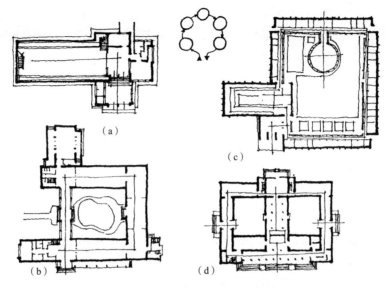

图 5-19　串联空间组合基本形式
（a）"一"形；（b）"]"形；（c）"□"形；（d）"□□"形

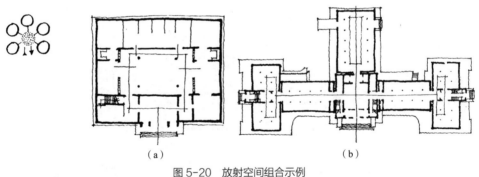

图 5-20　放射空间组合示例
（a）某博物馆；（b）北京自然博物馆

展览枢纽联系各个陈列空间，而后者则是以交通枢纽联系各个陈列空间，两者虽然皆属放射性的空间组合形式，但中心枢纽的使用性质是不尽相同的。这种布局方法具有如下的一些优点：参观路线简捷紧凑，使用灵活，各个陈列空间可以单独开放。存在的问题是：枢纽空间中的参观路线不够明确，容易造成迂回交叉的问题。环绕枢纽空间的各个陈列厅所形成的袋状路线，容易产生停滞不畅的现象。

5.2.3　串联兼通道的空间组合形式

这种布局方式的特点是：各个陈列空间既可直接贯穿连通，又可经过通道联系各个陈列空间。它的优越性在于能使各个主要空间单独联通，又能通过通道间接联系，既有连续性的一面，又有单独使用的一面。因此整个布局机动灵活，适应性强，根据需要可单独开放某个或几个陈列厅，提高了空间组合的综合使用效率。例如北京革命历史博物馆，基本上属于这种布局形式的例子（图5-21）。但是如果处理不好，在布局中也易产生加大面积，增加造价，占地偏多等缺点。所以，应权衡利弊加以分析，经过择优去弊后，再选用这种布局形式，是比较妥当而又合适的设计方法。

5.2.4 放射兼串联的空间组合形式

陈列空间围绕交通枢纽布置，观众既可从枢纽空间通往各个陈列厅，又可沿着走道或过厅直接穿行至各个陈列厅。所以在使用上显现出极大的灵活性，具有空间组合紧凑、适应性强，兼备串联、放射与通道相联系的优点。但也要注意，如处理不当，不仅易使枢纽空间的采光通风产生不良的后果，而且也易造成参观路线不够明确和人流大时出现拥挤与混乱现象。例如德国的厄森博物馆（图5-22a），是以门厅枢纽空间为中心，联系展览空间为组合特点的布局。又如北京农业展览馆的综合馆（图5-22b），是以陈列大厅所形成的枢纽空间为组合特点的布局。再如布鲁塞尔博览会的捷克馆，是以休息厅廊作为交通联系的手段，将展示空间自然穿插于中的布局，充分体现了空间组合的生动性与灵活性（图5-22c）。

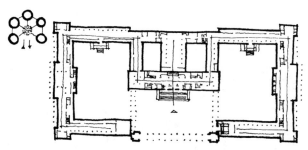

图5-21 串联兼走道空间组合示例

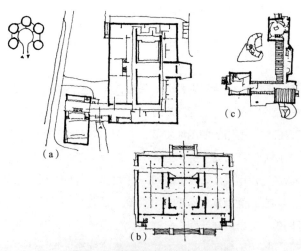

图5-22 放射兼串联空间组合示例
（a）德国厄森博物馆；（b）北京全国农业展览馆综合馆；（c）布鲁塞尔博览会捷克馆

5.2.5　综合大厅的空间组合形式

社会的发展、观念的更新、技术的进步，必然会使人们的行为与心理发生巨大的变化，因此要求当代的公共建筑体现出时代精神，也是历史发展的必然。因此人们强烈要求摆脱建筑空间的封闭性和建筑空间的开放性，同样也是当代建筑发展的必然趋势。为此，在现代公共建筑设计的进程中，常采用综合大厅空间组合形式，把展览陈列空间和人流活动皆组合在综合性的大型空间之中，乃是这种布局的突出特性。因此，它具有环境开敞通透、使用机动灵活、空间利用紧凑、流动方向自然等特色。但是这种布局，往往需要人工照明和机械通风等装置。如罗马尼亚的国民经济成就展览馆（图 5-23a）和法国的勒·哈伍俄文化博物馆（图 5-23b）皆是值得学习和参考的示例。

通过上述初步分析表明，依据实际的条件和要求，完全可以选择合乎要求的建筑空间组合方式。仅就我国建成的展览馆、博物馆、陈列馆来看，常以串联、放射及放射兼走道的空间组合形式为多，而对综合大厅的空间组合形式则采用的较少。但是，随着建筑设计领域中的创作观念不断更新，新结构、新材料、新设备不断地发展，已涌现出了不少崭新的公共建筑作品，并采用了综合大厅的空间组合形式，如大型的航空港、超级市场、商城等，业已取得了令人瞩目的成就。

展览性建筑因其使用性质和空间的性格特征，构成了它自身的特殊性。如在空间组成中的陈列厅，是最主要的使用空间，因而除去要求有足够的展览陈列空间和人流活动空间之外，还要求有合适的采光方式，有的需要开设高侧窗采光，也有的要求装设顶部采光，往往伴随不同的采光方式，比较自然地派生出不同形式的实墙面，再加上某些展览性的艺术气氛

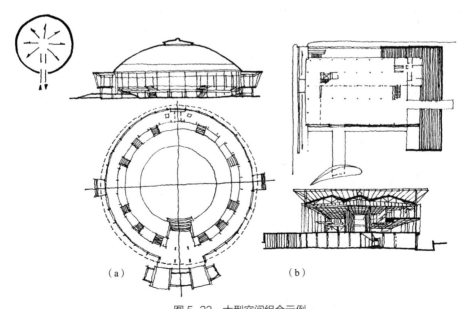

图 5-23　大型空间组合示例

（a）罗马尼亚国民经济成就展览馆；（b）法国勒·哈伍俄文化博物馆

图 5-24　加纳阿克拉国家博物馆

图 5-25　大空间展览建筑示例

的需要，就能形成展览建筑的艺术风格特征。例如加纳的阿克拉国家博物馆（图5-24），运用锯齿形的外墙，在大片绿地环境的衬托下，显示出的展览建筑艺术性格是极其强烈的。也有的展览建筑的室内设计，除去要求设置一定的展壁之外，还要求陈列大型的陈列品，因此需要具备高大而明亮的厅堂空间。通常采用新型的结构形式、开设大量的窗子或近代化的人工照明，才能适应这种要求。在构思处理空间与体形的时候，如能将这些因素充分加以考虑，就能使展览建筑的艺术风韵和性格异常突出（图5-25）。

当然，以上所论析的几种空间组合形式，也适用于商业建筑、旅馆建筑等其他类型的公共建筑，就不一一赘述了。

5.3　观演性的空间组合

在现代化城市中，为了满足人们精神生活的需要，需要建设一定数量的观演类型的公共建筑，如体育馆、影剧院、音乐厅、歌舞厅和娱乐城等场所。这类建筑一般设有大型的空间作为组合的中心，围绕大型空间布置服务性空间，并要求与大型空间，有比较密切的联系，使之构成完整的空间整体，这就是这种空间组合的基本构成特征（图 5-26a、b）。

下面以体育建筑进一步阐明这个问题，其中比赛大厅系主体空间，在座席下部的倾斜空间中穿插布置门厅、休息厅以及辅助房间等。它的一般平面形状有矩形的，如北京首都体育馆（图 5-27）；圆形的，如上海体育馆（图 5-28）；多边形的，如南京五台山体育馆（图

5-29）及其他自由形式的，如日本东京代代木游泳馆（图 5-30）。这类建筑的空间组合，除应保证体育运动的基本要求之外，还应保证观众席位有良好的视线与音质条件，这是体育建筑设计的核心问题。在考虑体育建筑的直接使用部分——比赛大厅、休息厅等，辅助部分——运动员练习厅、厕所盥洗间、运动员休息室、小卖部等，交通联系部分——门厅、过厅等三大部分之间的关系时，应达到下列各项要求：

（1）应将观众、运动员及宾客等各种人流的出入口分开设置，以避免交叉干扰。出入口应有足够的宽度和数量，满足疏散标准的规定。

（2）把视觉质量较好的位置，布置主席团

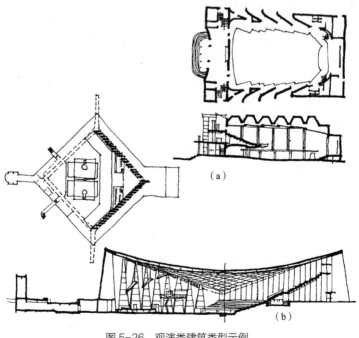

（a）

（b）

图 5-26　观演类建筑类型示例
（a）电影院；（b）体育馆

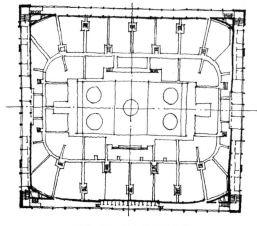

图 5-27　北京首都体育馆

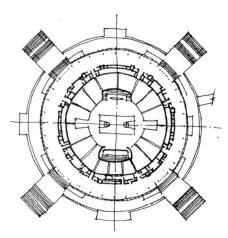

图 5-28　上海体育馆

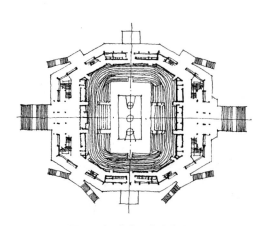

图 5-29　南京五台山体育馆

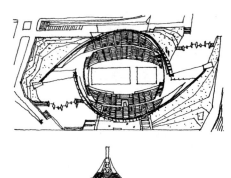

图 5-30　日本东京代代木游泳馆

的席位，以满足举行仪式的要求。

（3）一般利用观众席的下部空间，布置为比赛服务的各种附属用房，使空间充分利用，但应注意解决采光与通风的问题。其中为了运动员活动方便，常将练习场所靠近比赛大厅。

（4）为了便于使用和管理，电视、电台、有线广播及时分显示牌等设施，应布置在与比赛大厅方便联系的地方，同时还要注意控制室的合理位置。

（5）在解决视线和音响质量问题的同时，应选择先进合理的大跨度结构形式和轻质高强

的新材料，以利于最大限度地满足大型空间的功能和艺术的要求。

此外还应关注体育建筑具有在一定时间内集散大量人流的特性，所以除去充分考虑上述的几项基本要求之外，要求在总体布置中，注意与广场空间、停车场地、道路系统的关系，使人流在规定的要求下安全疏散。上述内容的基本关系，可参见体育建筑的功能图解（图5-31）。

再以影剧院建筑为例，进一步论述观演性空间组合的特点。与其他大型空间建筑类型相

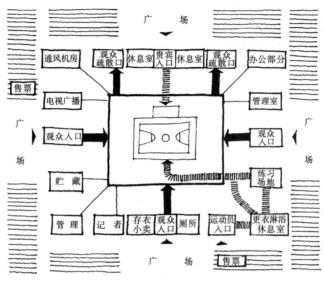

图 5-31　体育建筑功能关系分析图解

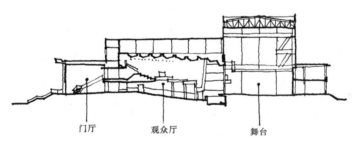

门厅　　　　观众厅　　　　舞台

图 5-32　影剧院空间序列

比，影剧院在空间组合的问题上，也含有不少的共性。其中也有一个供观众观赏戏剧和电影等文娱活动的大型空间。但影剧院建筑中的观众只能观看舞台上演出的活动，这与体育建筑中的观众环绕表演区观赏的方式是不完全相同的。因此影剧院在空间组合上，产生了区别于其他大跨度建筑的独特形式，通常以门厅、观众厅、舞台等几个空间序列进行布置（图5-32）。一般影剧院建筑的空间组成，主要包括观众使用的观众厅、休息厅，演员表演或放置银幕的舞台、后台，以及为观众服务的门厅、售票厅、厕所等。其中观众厅中的"听"

和"看"是设计中不可忽视的重要问题。为此在进行设计时，应科学地进行视线分析和音质设计，以满足观众看得清、听得好的基本要求。要达到这些目的，必须妥善解决视线距离、控制视角和地面升高等问题，恰当选择合适的平面和剖面形式，此外还应解决安全防火与人流疏散等问题。另外，剧院的舞台设计也是一个比较复杂的问题，舞台规模的标准，灯光照明的设置及附属空间的配备等，无不影响舞台和观众厅的使用质量，所以处理好观众厅、舞台、休息厅及门厅之间的关系，是影剧院、会堂建筑空间组合的核心问题（图5-33）。

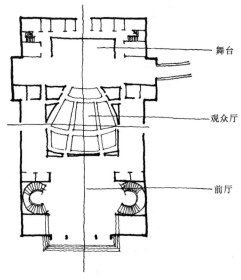

图 5-33　一般剧院平面布置示例

反映在视觉与听觉质量标准上，体育建筑与剧院建筑之间是有着不少差别的，通常影剧院建筑在这方面要求更高些，而一般性的体育建筑则相对要求低一些。以上虽然对共性问题作了初步的分析，但在设计时依然需要对具体建筑的特殊性加以深入细致的研究，才能运用一般性的规律指导建筑空间组合的设计工作，否则容易导致僵化的设计思想和千篇一律的后果。

诚然，观演类型的公共建筑，从巨大空间的角度上看，不仅限于体育馆、影剧院和会堂等类型，其他如火车站（图 5-34）、航空港（图 5-35）、大型商场（图 5-36）等，都具有以大型空间为主，穿插组合辅助空间的特点。除这些共性之外，它们各自都有某些特殊性，所以反映在空间组合形式上，常是多种多样、千变万化的。因此在创作构思中，不仅需要善于抓住共性的一面，还需要把握住个性的一面，才能较为全面地控制住公共建筑设计的整体性。

此外，这类公共建筑反映在造型艺术特色上也是如此。如铁路旅客站建筑的钟塔（图 5-37）、航空港建筑的瞭望塔（图 5-38）、体育馆比赛大厅的空间与体形（图 5-39）等。

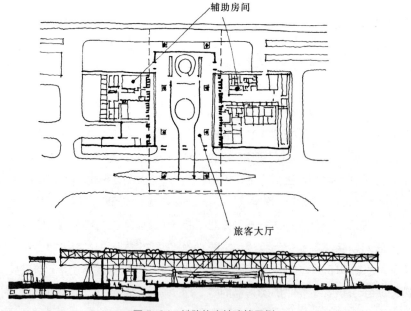

图 5-34　铁路旅客站建筑示例

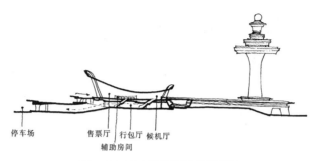

图 5-35　航空港建筑剖视图示例

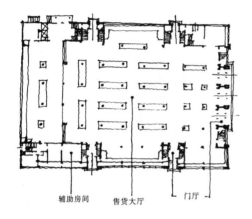

图 5-36　大型商场示例

图 5-37　铁路旅客站钟塔示例

图 5-38　航空港瞭望塔示例

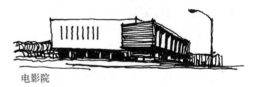

电影院

图 5-39　体育馆大空间体形示例

剧院

图 5-40　影剧院体形组合特征示例

影剧院和会堂等类型的建筑，则常以封闭性的舞台、观众厅与开敞性的门厅相对照，形成区别于其他类型公共建筑的艺术性格特征（图 5-40）。若能善于抓住这些基本要素，进行巧妙的创意构思，就有可能创作出造型别致、性格突出、形式优美的设计作品。

5.4　高层性的空间组合

由于城市用地与建筑密度之间的矛盾日益尖锐化，必然地引起向空中争夺建筑空间的问题。这一问题的出现，既是社会生活的实际需要，也是建筑科学技术不断发展所带来的无比优越的条件，给高层建筑的建造奠定坚实的基础。实践证明，建造超高层的摩天楼早已成为现实。20世纪以来，摩天大楼已在先进国家得到了普遍的发展。近几年来在我国不少城市已兴建了大量的超高层公共建筑，其类型有宾馆、写字楼、多功能大厦等。

高层公共建筑的空间组合反映在交通组织上，是以垂直交通系统为主，这应是整个布局的关键；低层公共建筑的空间组合，则常以水平交通系统为主。另外在结构体系上，低层公共建筑主要考虑垂直的受力系统；而在高层建筑中，除考虑垂直受力的因素之外，更重要的是考虑水平的风力及地震力的影响，所以要求高层公共建筑具备一定抵抗水平推力的刚度。目前，在建筑空间组合的形式上，高层公共建筑类型虽多，常用的类型主要有板式和塔式两种。所谓板式的高层建筑，系指高层部分的平面形状为长方形，体形像板块状（图5-41），如广州的广州宾馆及白云宾馆（图5-42、图5-43），皆属于板式的高层公共建筑。其低层部分则视地形情况、布局需要、庭园意趣等而定，空间组合比较自由。板式高层公共建筑，因平面多为矩形，且进深一般较短，容易争取自然的通风与采光。但板式与塔式高层公共建筑相比，高而扁的板状，是不利于抵抗水平推力的，所以在满足自然采光通风的情况下，应尽量加大建筑的进深，以增强抗风的能力。33

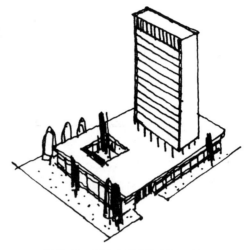

图5-41　板式高层公共建筑示意图

层的白云宾馆就是根据这个原则，把客房布置在走道的两侧，起到加大进深，提高刚度的效果。白云宾馆的布局，在结构上利用了抗震较强的剪力墙板，在建筑上运用了高低层的空间处理方法，使建筑与结构紧密地结合成为一体。如将小空间的客房布置在高层的主体部分，而将门厅、休息厅、餐厅等公共活动的场所安排在底层，整个空间体形与起伏的山地和岭南特色的庭园相配合，构成一个比较完整的空间组合体系，鲜明地表达出板式高层建筑的特性。

另外，在国外的板式高层公共建筑中，典型的例子有钢与玻璃为主要材料的纽约联合国秘书处大厦（图5-44）与纽约利华肥皂公司大楼（图5-45）。这些建筑高层部分的布局大体相似，都把垂直交通系统及附属用房集中在中心的部位，而将主要的使用空间布置在它的周围，并用轻隔断或家具构成不同的功能分

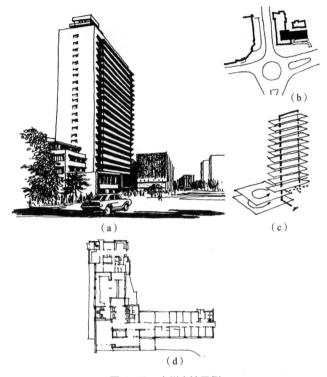

图 5-42　广州宾馆示例

（a）外观；（b）总平面图；（c）交通示意图；（d）平面布置图

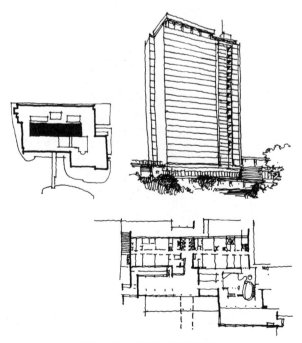

图 5-43　广州白云宾馆示例

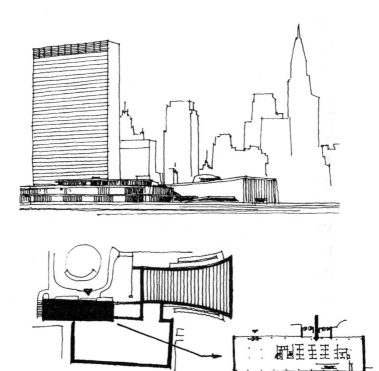

图 5-44　美国纽约联合国秘书处大厦

图 5-45　美国纽约利华大楼

区。这些布局特点，常是国外高层公共建筑普遍采用的手法。当然有的高层公共建筑，把垂直交通和一些附属房间集中起来放在一侧或两端，甚至放在主体空间的后侧，以保障主要空间居于突出的位置。如意大利米兰市派瑞利大楼（图 5-46），就是利用平面的两端和后侧组织电梯和附属房间，从而使主要的办公空间开阔明朗。除此之外，该建筑把 30 层的楼板挂在 8 片板状的钢筋混凝土框架柱上，在一定程度上打破了传统的框架结构形式。这座建筑在空间组合上还利用了不同的高度解决出入口、停车场及垂直交通系统之间的矛盾，具有一定的独到之处。再如美国芝加哥内地钢铁公司大楼（图 5-47），为了突出办公部分的大空间，将电梯、楼梯及各种设备管道有意识地集中放在大楼的后边，因而突出了前面办公部

分的主体。这种建筑的组合形式，在某些特定情况下，也不失为一种解决问题的方法。另外，为了使整体建筑的刚度和布局的紧凑集中，同时也为了有利于向高空争夺空间，近些年来不少国家出现了超高层塔式公共建筑，常称之为"摩天楼"。平面形状有正方形、三角形、"Y"字形、"T"字形和圆形等（图 5-48）。从分析图中可以看出，塔式高层公共建筑的空间组合，常将主要的使用空间布置在外围，而将垂直交通空间、盥洗厕所、设备管道、附属用房等集中布置在中心部位，这样处理不仅可以缩短水平交通的距离和争取采光与日照，使空间组合达到主次分明的效果，而且还可以构成刚性较强的框筒结构系统，从而可以达到提高整体建筑刚度的目的。例如纽约的世界贸易中心，平面布局就具有上述的特点。该建筑是

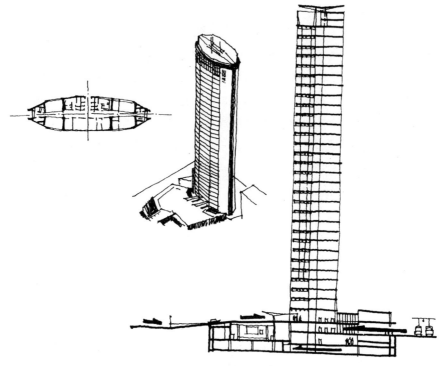

图 5-46　意大利米兰市派瑞利大厦

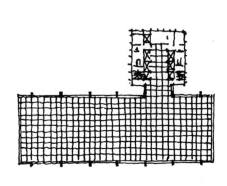

图 5-47　美国芝加哥内地钢铁公司大楼

图 5-48　塔式超高层建筑平面基本形式图

由两座并立的塔式大厦组成，两幢大楼皆为110层，高度为410余米。标准层平面形状为63m×63m的正方形，在中心部位布置了电梯、楼梯等垂直交通系统及管道系统、附属用房系统，外围空间皆为办公场所。在低层中心部位的四周，是一个宽大敞透的通廊，这个通廊除一面临街之外，其他部分与低层商店、地下车站相连，大通廊的空间四通八达，人流活动方便流畅。在通廊上部设有高达数层的跑马廊，这样的处理不仅使空间具有高阔感，而且还给大通廊带来良好的采光效果（图5-49）。为了使垂直交通量均衡无阻，在四十一层及七十四层处安排了高空门厅，并将整个大楼沿竖向分成三段，设有快速分段电梯23部，分

层电梯85部，从地下车站到四十三层为第一段；四十四层到七十七层为第二段；七十八层到一一〇层为第三段。分段电梯分别停在地下车站层、四十三层、七十七层与一〇七层。低层部分为商业设施，另外在四十四层及四十八层设有银行、邮政、公共食堂等服务空间。这座高层公共建筑为筒中筒的结构体系，即：内筒为垂直交通系统及附属房间等组成的刚性体，外筒为密钢柱体系，九层以下的密柱间距为3m，九层以上的密柱间距为1m，详见图5-49所示，遗憾的是，这座闻名于世的超高层建筑，已于2001年9月11日被恐怖分子炸毁。其他平面形式的高层塔式公共建筑，在一些国家中也是屡见不鲜的。如日本东京的新

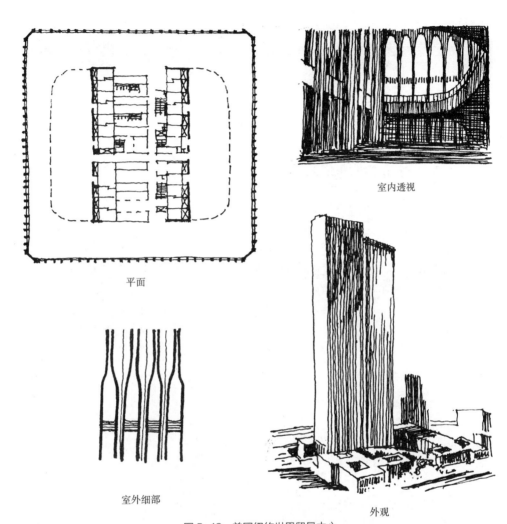

平面

室内透视

室外细部

外观

图 5-49　美国纽约世界贸易中心

宿住友大厦，平面为三角形，中心部位有天
井，形成三套筒的钢框架结构体系，建筑高度
为 200m，地上 52 层，地下 4 层（图 5-50）。
另外，泰国曼谷旅馆的客房楼座，也是三角形
的平面布局（图 5-51），在屋顶层设有餐厅等
服务设施，在底层设有商店、宴会厅、剧场、
舞厅等公共活动空间。其在造型处理上，高层
体形做了收分处理和横向划分，极富泰国传统
形式的塔状韵味。英国伦敦希尔顿旅馆的高层
部分为 "Y" 字形平面，计 28 层（图 5-52），

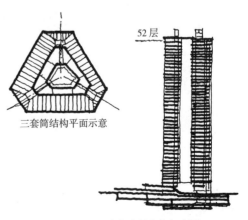

三套筒结构平面示意

52 层

图 5-50　日本东京新宿住友大厦

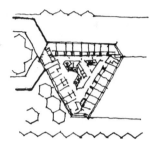

图 5-51　泰国曼谷旅馆示例

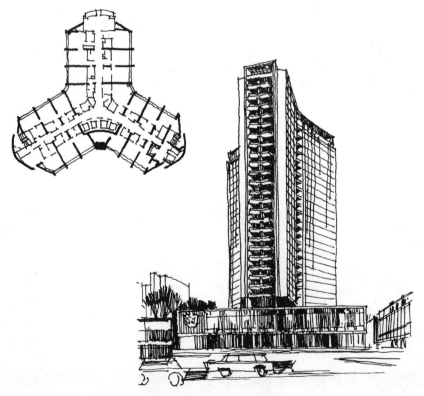

图 5-52　英国伦敦希尔顿旅馆

图 5-53 委内瑞拉加拉加斯汉姆保尔特旅馆

底层为公共活动空间，顶层设有观景餐厅，标准层为客房部分。在建筑北翼装设了三部电梯，以解决防火疏散、行李运输、饮食供应等问题。再如委内瑞拉加拉加斯汉姆保尔特旅馆的体形，为一圆形塔式高层建筑（图 5-53），该建筑坐落在加拉加斯北面的皮克底阿维山上，紧密结合这一地形环境的特点，客房部分的塔式造型，为旅客创造了广阔的景观视野。此外，为了适应该地区多变的气候条件及地震频发等因素，采用圆柱状的体形也是有利的。

从发展上看，无论是"板式"还是"塔式"的高层公共建筑，有走向多功能空间组合的趋势。例如美国芝加哥的水塔广场大厦，就是一座多种功能的高层公共建筑（图 5-54）。这座大厦共 74 层，一至七层是商场，八至九层为办公空间，十二至三十一层为旅馆，三十三至七十三层为公寓。因功能要求是综合性的，反映在交通联系上就更加复杂一些。因此在布局上，公寓和旅馆都有各自的出入口，两组电梯设备可以直通各自的部位，能做到分区明确、

图 5-54 美国芝加哥水塔广场大厦

互不干扰，见图 5-55 垂直交通分析图解。这座建筑是目前世界上最高的钢筋混凝土框架结构体系的公共建筑。又如美国赖特设计的普赖斯大楼，也是多功能性质的塔式高层公共建筑，主要包括公寓和办公两部分空间。大楼高 18 层，标准层平面大致成正方形，并一分为四，朝西的一角为公寓部分，其余三个角为办公部分。建筑的中心部位安排了交通与服务

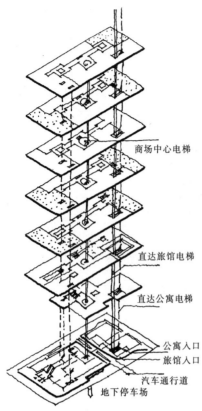

图 5-55　水塔广场大厦垂直交通分析图

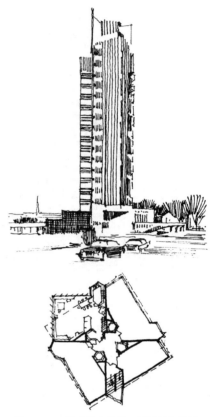

图 5-56　美国俄克拉荷马州普赖斯塔楼

空间，并备有供公寓与办公室各自专用的小电梯，同时两者的出入口在底层分开设置，人流可以自然隔开。此外，两层高的商店、办公及停车的配楼与高耸的楼栋连接成为一个整体。在建筑装修上，运用了办公部分的铜制横向百叶窗与公寓部分的竖向百叶窗的对比效果，以及墙面上的铜制片状装饰，显示出别具一格的特色（图 5-56）。

为了适应我国高层公共建筑的发展需要，曾在沿海各大城市采用过钢筋混凝土剪力墙板的结构体系。因多数内墙板横向承重，所以外墙板一般不承重，只起维护墙体的构造作用。因墙板比梁柱结构系统刚度大，抗震、抗风性能也比较强，在我国的具体情况下，对于 30

层左右的高层建筑，选择这种结构形式是比较合适的。如广州的白云宾馆的主体部分，就是采用了这种墙板的承重体系，主楼平面布置匀称，能使刚度中心与作用力中心基本接近，减少了偏心扭转的应力分布。另外在墙板的走廊部分开洞，形成单孔双肢剪力墙板，并采用变截面的方法，以加强抗震能力。另外在外墙还逐层挑出了悬臂横板，使外墙的维修、清洁、防雨、遮阳等问题得到较好的解决（图 5-57）。

由于结构技术的不断发展，目前在国外的高层公共建筑中，多采用钢框筒的结构体系，其建造高度是相当可观的。例如日本的再开发事业办公大楼，楼高 60 层 226m，该建筑的结构为框筒体系，内部为框架和带竖缝的剪力

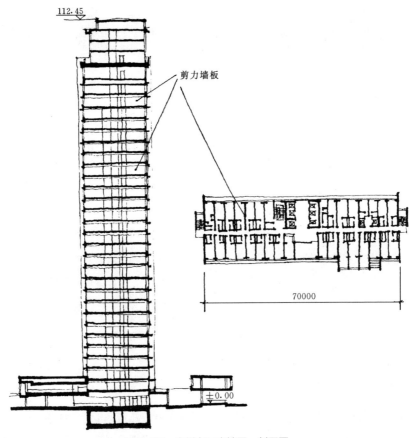

图 5-57　广州白云宾馆平、剖面图

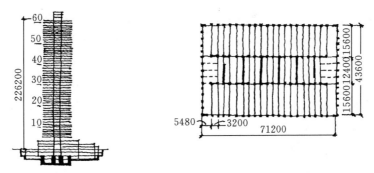

图 5-58　日本再开发事业办公大楼

墙，基础层、地下层和地上一至三层均为钢筋混凝土结构，四层以上为钢框架套筒结构（图 5-58）。又如 1973 年落成的美国芝加哥西尔斯大厦，平面为一束筒体结构组成，并以 9 个 75 英尺 ×75 英尺（22.86m×22.86m）的筒形平面拼在一个 225 英尺 ×225 英尺（68.6m×68.6m）的大筒内。这种类型的框筒结构体系，也称之为套筒结构体系。该体系

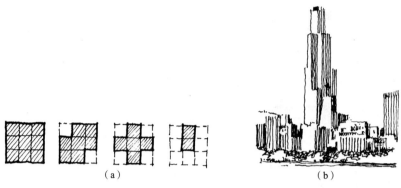

图 5-59　美国芝加哥西尔斯大厦
（a）框筒平面示意图；（b）大厦景观示意图

可以增加结构刚度和节约钢材。西尔斯大厦，为 110 层（另有三层地下室）高达 442m，当时称它是世界上最高的建筑（图 5-59）。这座高塔的出现，标志着现代建筑技术的新发展。

5.5　综合性的空间组合

实践证明，在一些公共建筑设计中，因功能要求比较复杂，常采用综合形式的空间组合，才能圆满地解决问题。文化宫、俱乐部以及大型的会议办公场所，皆属于这种类型的空间组合。例如北京国际俱乐部（图 5-60），有较大空间的健身房、电影厅和餐厅，又有较小空间的阅览、理发等服务部分；既有分室明确的小餐厅，又有大小穿套的中西餐厅。整个布局，空间与空间之间达到了互相联系、互相分隔、互相渗透的有机整体。又如纽约联合国总部（图 5-61），属于集会与办公相结合的建筑类型，空间组成也是相当复杂的，其中主要包括三大组成部分：一是能容纳两千多席的大会堂，并设有五种语言的同声传译用房和录音、电视、广播、转播等电讯设备用房；二是七个会议厅，其中包括 600 多座的安全理事会、经社理事会及托管理事会等会议厅，在各个会议厅中，均设置了语言同声传译系统的用房，在第四号会议厅内还设有电影放映室；三是 39 层的秘书处办公大楼，其中有三个理事会的工作科、法律科、行政科、经济科和一般事务科及公共关系科。除此以外，在地下还设有能容纳 1500 辆小轿车的停车库。从图 5-61 中可以看出，该建筑中既有办公性质的空间，又有供集会用的大型空间，这些不同使用性质的空间，通过各种交通联系手段加以组合，使之形成一个综合性极强的且混为一体的空间环境。

概括地说，公共建筑的空间组合千变万化和多种多样，但是一定的空间形式应服从于一定的内容需要则是不可颠倒的原则。不可能也不应该使复杂的功能要求局限于固定的形式之中，否则将是一种削足适履的做法，这是绝对

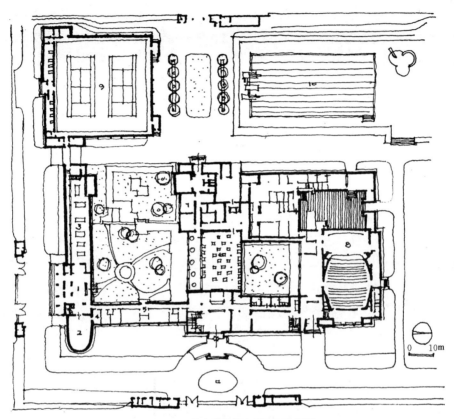

图 5-60　北京国际俱乐部平面布置图

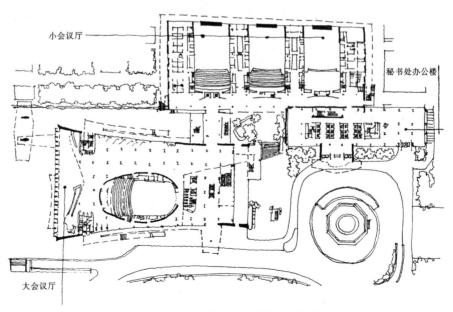

图 5-61　美国纽约联合国总部平面布置图

不可取的。下面再以旅馆及图书馆建筑为例，进一步阐述这个问题。例如旅馆标准层部分，因大量的客房都有住宿兼办公的需要，因而常采用走道联系各个房间的布局形式。而底层的公共活动部分，则又需要采用开敞通透、穿插方便的空间组合形式布局。如图书馆建筑中的阅览室、书库、出纳、采编、办公等部分的功能要求与空间处理是不同的，其中有较大空间的阅览厅，也有较小房间的办公用房，还有开敞的出纳厅等。在高度上也有不同要求，如阅览厅通常要求具备安静和通风采光良好的环境，因而层高一般要求在 4~5m 左右，而书库则要求最大限度地提高藏书及流通的使用率，层高常常控制在 2.0~2.5m 左右，因此在

组织空间时，除需满足使用方便、结构合理、经济有效之外，还需在空间大小、高低、形状等方面分别加以组合处理，使之达到分区明确、流线顺畅、细部得体、造型优美的效果。例如南京医学院图书馆的空间组合，是体现综合性布局较好的示例（图 5-62）。在公共建筑创作中，绝非仅以一种空间组合形式解决问题，只能说在某种公共建筑中，某种空间组合形式在布局中占主导地位而已。如剧院建筑，虽然观众厅、舞台属于大空间的布局形式，而后台空间中的化妆、办公、管理等房间，往往又需要以走道式布局的方法满足其功能要求，其他诸如商场、饭店等建筑的空间组合也常是如此。但是在一幢建筑中以某种空间形式为

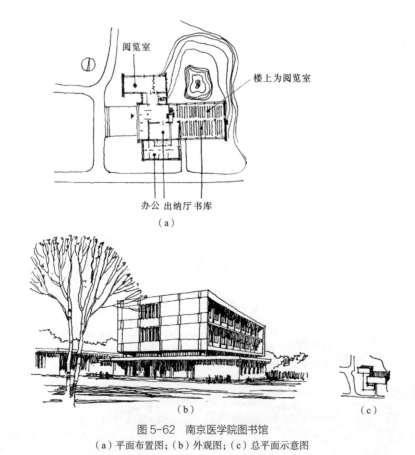

图 5-62　南京医学院图书馆
（a）平面布置图；（b）外观图；（c）总平面示意图

主，辅以其他空间形式的布局，与多种空间形式的综合组合还是有所区别的。显然，如前所述的俱乐部、文化宫之类的建筑就比较典型。

综合性空间组合的公共建筑，体量之间的大与小、高与低、空与实、粗与细以及隔与透等，经过加工处理，使室内外达到一个完整的建筑空间组合的体系，必然地能体现出体形组合的特点。如几内亚科纳克里的一座旅馆（图

5-63），20m 直径的餐厅与多层客房楼的体形之间，形成了一系列的对比关系，充分反映了建筑体形组合的综合性。再如坦桑尼亚的国会大厦（图 5-64），中央圆形的大议会厅与周围的休息廊及办公室的布置，不仅在空间组合上主次分明，空间序列也是层次分明的。反映在体形风格上庄重大方，再加上非洲热带树种所形成的环境特色，造型与环境异常突出。

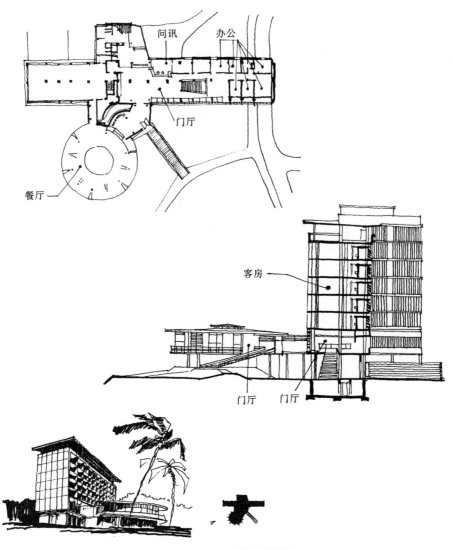

图 5-63　几内亚科纳克里旅馆

图 5-64　坦桑尼亚国会大厦

综合以上的分析与论述，表明了空间与体形之间是相辅相成的。在进行设计创意时，应对各类公共建筑的特殊性，进行深入的研究和探索，灵活地运用各种空间组合的手段，创造出新颖别致的艺术形式，才有可能把握住各类公共建筑空间组合的基本内涵。应当强调，切忌生搬硬套，从全局出发，因地制宜地处理建筑空间的组合问题，才能使建筑的空间组合形式，适应变化着的内容要求，也才有可能使公共建筑的空间组合有所创新。

第6章

公共建筑的无障碍设计

6.1 公共建筑无障碍设计的必要性与发展趋势

现代社会文明的目标之一就是让全体人民都尽可能地平等享受到社会发展成果。历史上，残疾人等弱势群体在这方面受到了很多限制、歧视和不公正待遇。起初对他们的帮助手段就是将其收容到所谓的"福利设施"中，但从此他们与社会隔绝，很难再享受到各种社会公共环境的便利，也很难再有所发展。20世纪30年代，在北欧高福利国家萌芽了一场"正常化"运动，即残疾人要求回归社会"正常"地生活；这场运动延续扩展到了整个欧洲大陆、美国和日本，尤其是二战后为数不少的伤残军人的福利需求不可忽视，一些发达国家出台了有关无障碍设计的法规。随后，由于发达国家汽车业和交通大发展导致的负面影响——大量残疾人，加之老龄化社会的到来，残疾人和老年人占总人口的比例和他们发出的主张权利的声音已经无法再轻视，于是在各方群体的努力推动之下，

20世纪60年代，美国出台了世界上第一部无障碍设计标准《残疾人可达、可用的建筑标准》ANSI 117.1。1968年美国《建筑障碍法》规定了政府资助的公共建筑必须适合肢体障碍人士的设计要求；1991年《美国残疾人法案》的配套规范《残疾人法案无障碍纲要》规定了所有公共建筑都必须符合无障碍设计标准。

在20世纪八九十年代，一些新型的无障碍设计理念先后诞生，包括美国的"通用设计"（Universal Design）、北欧的"全容设计"（Design for All）以及英国的"包容性设计"（Inclusive Design）等，可以统称为"广义无障碍"理念。他们反对将障碍人士特殊对待，而是与健全人的需求统一考量，可谓是"人性化设计""以人为本"设计的最佳代表。广义无障碍也将无障碍从建筑环境扩展到产品设计、信息标识、就业、教育乃至社会制度的各个层面。

6.2 公共建筑无障碍设计的基本理念和原则

1）公共建筑无障碍设计的基本理念

随着社会文明进步，人们对于建筑无障碍设计的认识也是逐步加深的。从一开始以保护残障人士的出行安全和方便为初衷，逐步发展到关注生理机能退化的老年人和生理发育尚未健全的儿童；广义无障碍设计理念出现后，无障碍环境的设计更是考虑到了所有人，人人都有可能遇到行动与使用的环境障碍，譬如携带大件行李等。我国建筑无障碍设计的法规也

在加速完善之中，从1989年第一部《方便残疾人使用的城市道路和建筑物设计规范》JGJ 50—1988到2001年《城市道路和建筑物无障碍设计规范》JGJ 50—2001，再到2012年颁布《无障碍设计规范》GB 50763—2012，无障碍设计法规的关注对象也逐步转向广义无障碍的视角。因此，公共建筑无障碍设计的基本理念就是：尽最大可能考虑所有人群的使用要求，做到真正的"以人为本"，包

图 6-1 日本横滨某广场

图 6-2 德国科隆的卡尔克
青年人冒险中心入口

括各类残疾人、老年人、儿童、孕妇、外国人和有临时障碍的普通人。

2）无障碍设计是公共建筑设计的提升而绝不是负累

当代的广义无障碍设计使得公共建筑更为易用、宜人，同时不应损害设计方案艺术性。因此，无障碍设计不是仅仅满足规范基本要求就足够了，也要求建筑师发挥设计想象力，力求使其为建筑方案锦上添花，而不是画蛇添足。无障碍坡道由于长度长、占用空间大常常令一些建筑师头疼，其实完全可以巧妙地与常规建筑构件融合为一体。如横滨的某社区小广场高差的设计，既不影响健全人走阶梯，又方便残疾人利用折返的坡道上"台阶"，还丰富了社区景观的变化（图 6-1）；位于德国科隆的卡尔克青年人冒险中心，其坡道也与入口台阶结合得天衣无缝，并富有形式美的感染力（图 6-2）；又如日本九州产业大学美术馆展厅的设计（图 6-3），其展台位于中心并呈曲线布置，使乘轮椅者缩短了观赏流线从而节省体力，

图 6-3 日本九州产业大学美术馆展厅

也充分考虑了视觉障碍者各角度触摸感受雕塑的需求，同时也让所有人能够全方位地体验艺术作品，是一个成功融合无障碍功能的案例。

3）公共建筑无障碍设计的重点空间和设计原则

建筑无障碍设计是通过对建筑及其构造、构件的设计，使残疾人能够安全、方便地到达、通过和使用建筑内部的空间。其设计和实施范

围应符合国家和地方现行的有关标准和规定。

我国现行的《无障碍设计规范》GB 50763—2012 将建筑物的无障碍设计主要实施范围分为公共建筑和居住建筑两大类。综合起来，公共建筑无障碍设计重点实施的空间包括：

（1）室外环境与场地：基地的出入口、停车场、道路、景观等。

（2）交通空间：建筑出入口、门厅、坡道、通道、楼梯、电梯等。

（3）卫生设施：厕所、盥洗室、浴室等。

（4）生活空间：无障碍客房、厨房等。

（5）专有公共空间：观演、商业、图书馆、邮局、办公、运动、住宿、博物馆和美术馆等。

公共建筑无障碍设计的基本原则就是满足各类障碍人群或特定目标人群在上述环境空间的通行与使用要求，尤以视力障碍、肢体障碍和听力语言障碍人群为主。

6.3 公共建筑外环境与场地的无障碍设计

6.3.1 公共建筑的场地无障碍设计

公共建筑的场地是从城市空间到建筑空间的过渡，必须做好从城市无障碍空间到建筑空间的衔接。现实中这里存在着建筑环境产权和管理责任主体的转变，也较室内环境发生改造的可能性更大，因此建筑场地往往是无障碍设计容易断档和出现问题之处，必须认真做好无障碍设计。主要的设计要求如下：

1）公共建筑基地的所有非机动车专用出入口应与市政无障碍通行设施和路线接驳。公共建筑基地的步行出入口到所有的建筑公共出入口均应有无障碍通道，到建筑的其他出入口也宜规划无障碍通道。室外无障碍通道宜采用全路径无高差设计（最大允许高差 15mm），当有高差或台阶时应设置轮椅坡道或无障碍电梯。无障碍通道地面坡度不应大于 1：20，当场地条件比较好时不宜大于 1：30。

2）建筑基地的车行道与人行通道地面有高差时，在人行通道的路口及人行横道的两端应设缘石坡道。

3）非视觉残疾人常用建筑基地场地内可不设行进盲道，在有高差处设置提示盲道即可。

4）建筑基地的广场和人行通道的地面应平整、防滑、不积水。

5）主要出入口、建筑出入口、通道、停车位、厕所电梯等无障碍设施的位置，应设置无障碍标识，并形成系统；建筑物出入口和楼梯前室宜设楼面示意图，在重要信息提示处宜设电子显示屏。

6.3.2 公共建筑的停车场无障碍设计

基本原则是应将通行方便、距离建筑出入口最近的停车位安排给残疾人使用，具体要求如下：

1）无障碍停车位

（1）无障碍停车位的尺寸如图 6-4，垂直式停车位尺寸一般为宽 2500mm，长 6000mm，一侧设 1200mm 的轮椅通道，相

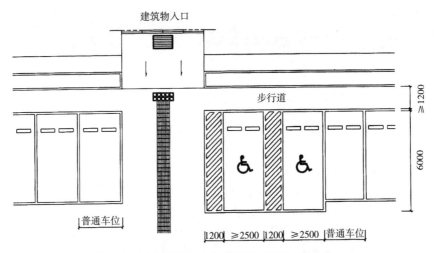

图 6-4　无障碍停车位与轮椅通道、建筑入口的关系

邻两个无障碍停车位可共用一个轮椅通道。

（2）无障碍停车位的地面应平整、防滑、不积水，地面坡度不应大于 1：50。

2）停车场无障碍设计（图6-4）

（1）建筑基地内总停车数在 100 辆以下时应设置不少于 1 个无障碍机动车停车位；100 辆以上时应设置不少于总停车数 1% 的无障碍停车位。

（2）要用标识明确标出停车位的位置，地面用黄色或白色的标识图形提示，墙面或立式标识牌则用蓝色背景白色图形，至少高 1400mm。

（3）轮椅通道也应用黄色或白色阴影线图形在地面明确标出。

（4）停车位应尽量靠近建筑出入口和无障碍通道。

6.4　公共建筑的交通空间无障碍设计

6.4.1　出入口和坡道

建筑出入口应保证建筑室内外无障碍设计的连续性，尤其是无障碍通行路线的畅通衔接。

1）平坡出入口

无台阶同时无较陡坡道的建筑出入口是人们在通行中最为便捷和安全的出入口，它将障碍人士和健全人一视同仁，也是无障碍入口的最佳选择，通常称为平坡出入口（图6-5）。它的主要缺点在于占地面积较大。平坡出入口的设计要点为：

（1）坡度一般为 1：50~1：20，当场地条件比较好时不宜大于 1：30。

（2）无障碍入口和轮椅通行平台应设雨篷，图 6-5 中虚线表示雨篷范围。

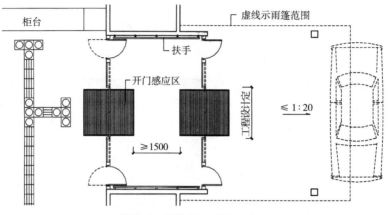

图 6-5　平坡出入口平面示意图

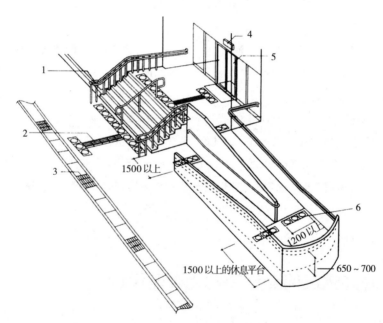

图 6-6　U 形坡道的出入口
1—盲文指示；2—行进盲道；3—排水沟；4—音响提示铃；5—自动门；6—提示盲道

2）同时设台阶和坡道的出入口

当必须设有踏步时，应设置坡道连接室内外高差。

图 6-6 是典型的公共建筑入口台阶、U 形坡道和扶手形式。台阶扶手应由端部向前延伸 300mm 以上，设置高度为 850～900mm，

需设两层扶手时低扶手高度为 650～700mm。如需设计室外盲道应铺设至门厅入口。寒冷积雪地区地面应设融雪装置，坡道、地面都应使用防滑材料，坡道坡度 1/12 以下，有效宽度在 1200mm 以上（与楼梯并设时 900 以上），并每升高 750mm 设置平台缓冲；坡道扶手高

度要求同台阶扶手。

（1）大中型公共建筑和中、高层建筑的入口轮椅通行平台最小宽度不小于 2000mm，小型公共建筑最小宽度不小于 1500mm。

（2）出入口设有两道门时，门扇同时开启后应留有不小于 1500mm 的轮椅通行净距离。

（3）出入口地面应选用遇水不易打滑的材料。

3）无障碍坡道

坡道是连接地面不同高度空间的通行设施，在无障碍设计中被广泛应用。无障碍坡道应设置在方便和醒目的地段，在坡度、宽度、高度、材质、扶手等方面方便乘轮椅者的通行，并宜安装国际无障碍通用标志。

（1）坡度与高度：供轮椅者使用的坡道，最大坡度不大于 1/8，但由于一般肢体残疾者的上身力量不足，控制轮椅上下坡比较吃力，因此建议坡道的坡度宜在 1：20～1：12 之间，以使轮椅使用者行动便利。坡道越陡，所允许的最大高度越低。

（2）休息平台与起止空间：当坡道超过最大允许高度或长度时（表 6-1），应当设置休

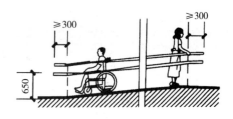

图 6-7 坡道扶手高度和水平延伸长度

息平台，其水平长度不应小于 1.50m，坡道的起点、终点空间水平长度也不应小于 1.50m。

（3）宽度：净宽度不应小于 1.00m，无障碍出入口的坡道净宽度不应小于 1.20m。

（4）扶手：当坡道高度大于 300mm 并且坡度大于 1：20 必须在两侧设置扶手，一般比坡道还要延长 300mm（图 6-7），以便于残疾者上坡之前攀扶用力。坡道在任何气候条件下都应该是防滑的，但也不能过于粗糙，否则会增加轮椅的阻力，使残疾人上坡时更加困难。

（5）坡道的平面形式：根据地面高差的程度和空地面积的大小及周围环境等因素，可分为直线形、直角形和折返形，注意不应设计成圆形或弧形，以防轮椅在坡面上的重心产生倾斜而发生摔倒的危险。

轮椅坡道的最大高度和水平长度					表 6-1
坡度	1：20	1：16	1：12	1：10	1：8
最大高度（m）	1.20	0.90	0.75	0.6	0.30
水平长度（m）	24.00	14.40	9.00	6.00	2.40

4）门厅与室内外衔接

供残疾人使用的出入口，应设在通行方便和安全的地段。出入口的地面应平整，防滑。室内设有电梯时，出入口应靠近候梯厅。

图 6-8 所示为无障碍出入口实例，设有残疾人国际标识、连续盲道、问询窗口、盲文导向板、提示铃等。

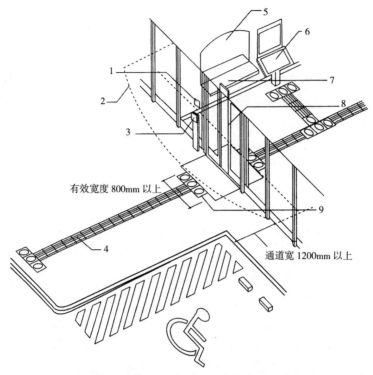

有效宽度 800mm 以上

通道宽 1200mm 以上

图6-8 考虑身体残障者使用需求的出入口
1—国际通用标识；2—屋檐或雨篷；3—对讲机；4—行进盲道；5—问询窗口；
6—触摸盲文导向板；7—设置音响装置（提示铃等）；8—自动门；9—提示盲道

6.4.2 无障碍通道

走廊、通道是人们在建筑物内部行动的主要空间，同无障碍坡道类似，无障碍通道在坡度、宽度、高度、材质、扶手等方面应方便行动障碍者的通行。无障碍通道的设计首先应该满足的是轮椅正常通行和回转的宽度，人流较多或者较长的公共走廊还要考虑两个轮椅交错的宽度；通道应该能够尽可能做成正交形式；疏散避难通道尽可能设计成最短的路线，与外部不直接连通的走廊不利于残疾人避难，应尽量避免；地面材料的要求与坡道相似；此外，由于墙面与轮椅经常会发生碰撞，因此墙面应适当采取保护措施。

1）形状

（1）考虑步行困难及老年人要求，走廊不宜太长，若过长时，需要设置不影响通行的休息场所，一般将其设在走廊的交叉口，每50m 应设一处可供轮椅回转的空间（图6-9）。走廊宽度宜在 1200mm 以上，人流较多或较集中的大型建筑的室内走道宽度不宜小于1.80m。

（2）走道两侧不应设突出墙面影响通行的障碍物，照度不应小于 120lx。柱子、灭火器、陈列展窗等都应不影响通行。当墙上放置备用品时，须把墙壁做成凹进去的形状来装置。另外，可考虑局部加宽走廊的宽度。不能避免的障碍物应设安全栏杆围护。屋顶或墙壁上安装

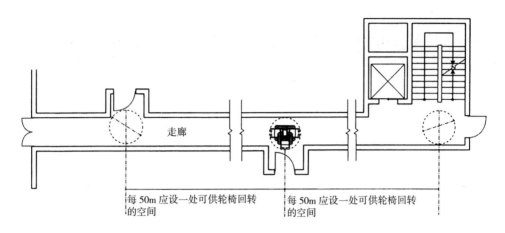

图 6-9　走廊与轮椅回转空间

每 50m 应设一处可供轮椅回转的空间

每 50m 应设一处可供轮椅回转的空间

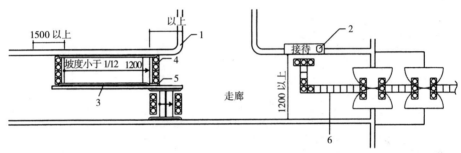

图 6-10　走廊中高差的处理方式
1—抹角或斜面；2—呼叫按钮；3—扶手；4—提示盲道；5—盲文指示；6—行进盲道

的照明设施不能妨碍通行。

（3）步行空间的净高度不应小于 2200mm，楼梯下部尽可能不设通道。

（4）在走廊和通道的转弯处宜做成曲面或曲角或加装护角。

2）有效宽度

走廊、通道需要 1200mm 以上的宽度，室外走道不宜小于 1500m。如果轮椅要进行 180 度回转，需要 1500mm 的宽度。

如果两辆轮椅需要交错通行，宽度不小于 1800mm。走道的设计要考虑人流大小、轮椅类型、拐杖类型及层数要求等因素。便于残疾人通行的走廊宽度，大型公建及老年人、残疾

人专用建筑走道不小于 1.80m，中小型公共建筑不小于 1.20m。

3）地面材料

使用不易打滑的地面材料，其地面应平整、光滑、反光小或无反光，不宜设置厚地毯。若使用地毯，其表面应与其他材料保持同一高度。不宜使用表面绒毛较长的地毯；采用适宜的地面材料可更容易识别方位，利于视觉残疾者；在面积较大的区域内设计通道时，地面、墙壁及屋顶的材料或色彩宜有所变化。

4）高差

走廊或通道有高差的地方，应采用经过防滑处理的坡道（图 6-10）。走道一侧或尽端

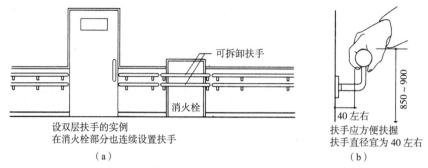

图 6-11　双层扶手的设置
（a）消火栓的可拆卸扶手；（b）扶手高度和距墙面的距离

与地坪有高差时，应采用栏杆、栏板等安全设施，端部延长 300~450mm，走廊尽量不设台阶，若有台阶时应与坡道或升降平台并设。

5）扶手

在医院、诊疗所、残联等障碍人士较多的建筑空间中，需在两侧墙面 850~900mm 和 650~700mm 两个高度设走廊扶手，且应连续（图 6-11）。

6）护板

建筑室内墙面下部踢脚常规做法不能很好适应轮椅使用者的要求，应设高度 350mm 的护板或缓冲壁条，转弯处应考虑做成圆弧曲面，也可以加高踢脚板或在腰部高度的侧墙上采用一些其他材料。

7）色彩、照明

建筑室内界面色彩设计，应使用高对比色帮助人们感知信息、提醒注意危险，例如，将色带贴在与视线高度相近（1400~1600mm）的走廊墙壁上、在门口或门框处加上有对比的色彩、墙面地面色彩区别、使用连续的照明设施（图 6-12），建议色彩对比度高于 30%。

8）标识

标识应考虑便于视觉障碍者阅读。文字、号码采用较大无衬线字体，做成凹凸等形式的

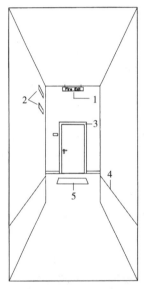

图 6-12　无障碍通道提高人们注意力的措施
1—逃生指示牌；2—方向指示色带；3—带颜色的门框；
4—黑色墙裙；5—图案

立体字形，视觉障碍者较多场所还应使用盲文触觉标识。

6.4.3　无障碍楼梯与台阶

楼梯和台阶对于老人、儿童、拄拐者和视觉残疾者来说是最容易造成危险的地方，摔倒后产生的后果往往也比较严重，因此值得设计

者特别注意。除需要安装牢固的扶手以帮助行走之外，还应避免在梯面和平台等处出现容易让人跌倒的突起物。

（1）形式不宜采用弧形，梯段宽度应大于等于 1200，休息平台深度应大于等于 1500mm。踏步高度为 100~160mm；宽度为 280~350mm。

（2）楼梯两侧 850~900mm 处设扶手，并宜设双层扶手，保持连贯，起点与终点处水平延伸 300mm 以上（图 6-13）。

（3）踏步不宜采用无踢面或突沿为直角的踏步（图 6-14），面层处理应采用防滑的材料，

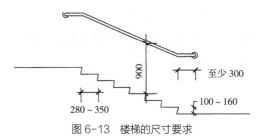

图 6-13　楼梯的尺寸要求

或设置防滑构造。踏步面的一侧或两侧凌空时，应设安全挡台，防止拐杖滑出（图 6-15），三级或三级以上的台阶，两侧还应设扶手。

（4）扶手形状为圆形或椭圆形，与墙壁距离 ≥ 40mm（图 6-16）。儿童较多的场所，

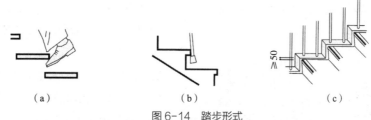

图 6-14　踏步形式
（a）无踢面踏步；（b）突缘直角形踏步；（c）踏步安全挡台

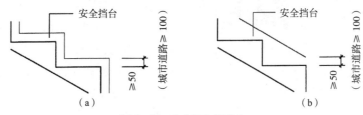

图 6-15　安全挡台的形式
（a）直线型安全挡台；（b）斜线型安全挡台

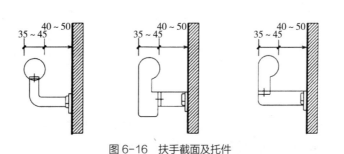

图 6-16　扶手截面及托件

应设双层扶手，上层高度850~900mm，下层650~700mm。扶手的起点或终点应延伸至少300mm长度。

（5）为防止踏空，踢面和踏面、踏面与防滑构造、上下第一步与平台均宜采用对比颜色（图6-17）。侧挡板和路缘石可防止拐杖滑落和鞋子等卡在台阶之间。

（6）照明能够提示台阶所在场所，与色彩一起使用，增强台阶的对比效果（图6-17）。

（7）在起点终点上距踏步起点和终点250~300mm处宜设提示盲道，改变铺装材料或做成有踏感区别的地面，最好能够明确台阶数。图6-18所示为走廊和楼梯的衔接，转角处扶手连续，有盲文阶数指引标识，并设提示盲道。

图6-17　楼梯中对比色的提示效果

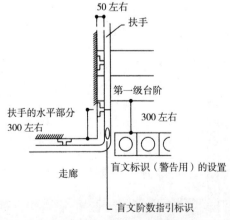

图6-18　楼梯标识的平面示例

6.4.4　无障碍电梯

电梯是建筑物内垂直交通空间的重要组成部分，对行动障碍者的重要性不言而喻。《无障碍设计规范》GB 50763—2012强条要求：建筑内设电梯时，至少应设1部无障碍电梯，与普通电梯相比，无障碍电梯在许多地方存在特殊要求，如电梯门的宽度、关门的速度、梯厢的面积、在梯厢内安装扶手、镜子、低位及盲文按钮、音响报层设备等，并应在电梯厅的显著位置安装国际无障碍标志。

无障碍电梯在功能方面的要求如下：

1）控制按钮

电梯内外的按钮要在使用者能够触及和看到的范围之内，按下按钮后要有声音或视觉回馈反应，表明电梯已确认呼叫。回馈对视力障碍或因人多看不到电梯的情况是非常重要的，有助于消解候梯人的紧张情绪。

控制按钮应置于控制板上，控制板与背景和按钮应有明显的区别，按钮符号应凸出，也可凹入，或在按钮下设置盲文符号，并于按钮左边设置凸出或凹入的上、下符号。报警按钮要有凸起的铃形标记，无障碍按钮在控制板面内的设置高度距离地面应在900~1100mm（图6-19）。

2）候梯厅

公共建筑候梯厅的深度不小于1.80m（图6-20）。电梯门洞的净宽不宜小于900mm。

候梯厅应设置电梯运行显示装置和抵达音响，宜用有声广播提示同时启动的电梯哪一部先行。

候梯厅控制按钮宜设置脚操作按钮，方便上肢障碍人士。

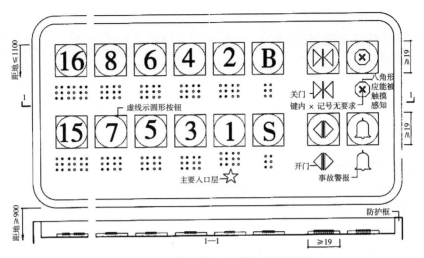

图 6-19　可供残疾人用电梯选层按钮示例

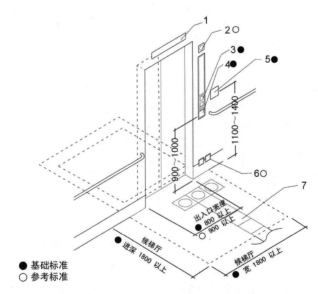

图 6-20　电梯候梯厅尺寸与设备示例
1—楼层标识；2—音响装置；3—盲文标识；4—轮椅使用者操作按钮；
5—国际通用标识；6—脚下操作按钮；7—盲道设置

3）无障碍电梯轿厢

供残疾人使用的电梯轿厢空间尺寸：宽度不得小于 1.10m，深度不小于 1.40m，梯厢门开启的净宽度不应小于 800mm。梯厢至少两面壁上应设高 850～900mm 扶手，内部设应急电话，轿厢正面高 900mm 处至顶部应设置镜子或采用有镜面效果的材料（图 6-21）。

在梯厢内的最低照度应大于 100lx，宜采用漫射光源。应设显示装置和有声广播提示电

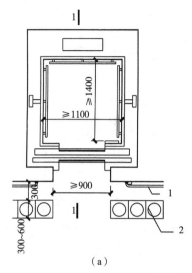
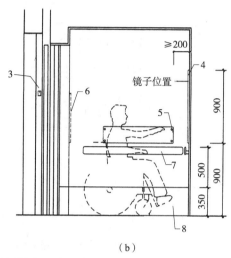

（a）   （b）

图6-21 梯厢内设备与尺寸示例

（a）梯厢平面图；（b）梯厢1—1剖面图

1—引导扶手；2—提示盲道；3—电梯行进报层；4—镜子；5—乘轮椅者用操作面板；6—普通操作面板；
7—安全抓杆；8—护壁板

梯方向和将要到达的楼层。

电梯门对残疾人来说存在危险和障碍，因

此电梯门应采用带传感器的门，使门能够重开
而不与人的身体接触。

6.5 公共建筑卫生设施无障碍设计

6.5.1 卫生间

公共建筑卫生间是无障碍设计中较为复杂的部分，要求众多，大致可分为专用独立式无障碍卫生间和无障碍厕位两类考虑。对公众开放的卫生间通常在男女卫生间之外应设专用无障碍卫生间，或在男女卫生间内均设置无障碍厕位与无障碍洗手盆，男厕还应设无障碍小便器。科研、办公、司法、体育、医疗康复、大型交通建筑内的公众区域至少要有一个专用无障碍卫生间。

1）独立式无障碍卫生间的设计要求（图6-22、图6-23）

独立式无障碍卫生间能够满足残疾人、需陪护不同性别家人、携带婴儿以及其他一些特殊情况人士的使用，应易于寻找和接近，并设有无障碍标志作为引导，入口不应有高差，应设置无障碍坡道便于轮椅出入。最重要的设计原则包括：不小于1500mm的轮椅回转空间、外开门或推拉门、洁具设安全抓杆、设呼叫按钮。详细具体要求如下：

（1）独立式无障碍卫生间应在门外表面或

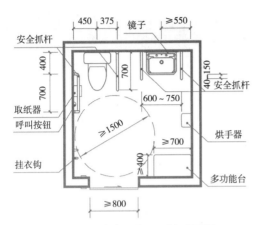

图 6-22　独立式无障碍卫生间平面图　　　图 6-23　独立式无障碍卫生间轴测示意图

墙上设无障碍标识，宜设按钮式自动推拉门或外开式平开门，且通行净宽度不小于 0.80m。室内净尺寸不应小于 2m×2m，宜留有直径不小于 1.5m 的轮椅回转空间。入口和室内不应设高差，地面应防滑且不积水。

（2）独立式无障碍卫生间的主要洁具应至少设洗手盆和坐便器，并设安全抓杆。还应至少设置多功能台（可置物、给婴儿换尿布等）、呼叫按钮（用于求救）、挂衣钩。有条件还可设置脚踏式冲水按钮、无障碍小便器、儿童坐便器和儿童洗手盆等设施。

（3）坐便器两端距地面 700mm 处应设长度不小于 700mm 的水平安全抓杆，另一侧应设高 1.40m 的垂直安全抓杆。取纸器应设在坐便器的侧前方，高度为 400~500mm。

（4）坐便器旁的墙面上应设高度为 400~500mm 的求救呼叫按钮。

（5）无障碍洗手盆的水嘴中心距侧墙应大于 550mm，底部应留出至少宽 750mm、高 650mm、深 450mm 的乘轮椅者所用的膝部和脚部空间。出水龙头宜采用感应式自动出水或杠杆式水龙头，水盆上方应安装镜子。

（6）无障碍小便器两侧应在距墙面 250mm 处，设高度为 1200mm 的垂直安全抓杆，并在高度 900mm 处设 550mm 长的水平安全抓杆。

（7）安全抓杆应安装牢固，直径应为 30~40mm，内侧距墙面不应小于 40mm。

2）男女卫生间无障碍设计

女厕所的无障碍设施包括至少 1 个无障碍厕位和 1 个无障碍洗手盆；男厕所的无障碍设施包括至少 1 个无障碍厕位、1 个无障碍小便器和 1 个无障碍洗手盆。基本设计要求包括：卫生间门通行净宽度不应小于 800mm；入口至无障碍设施的通道应留有直径不小于 1500mm 轮椅回转空间；地面防滑、不积水；无障碍厕位应设置无障碍标识。

无障碍厕位的设计要求：

尺寸宜做到 2.00m×1.50m，不应小于 1.80m×1.00m；

无障碍厕位的门宜向外开启，如向内开启，需在开启后厕位内留有直径不小于 1.50m 的轮椅回转空间，门的通行净宽不应小于 800mm（图 6-24），平开门外侧应设高 900mm 的横扶把手，在关闭的门扇里侧设高 900mm 的关

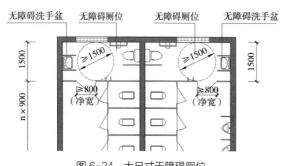

图 6-24　大尺寸无障碍厕位

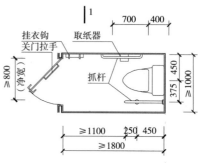

图 6-25　小尺寸无障碍厕位

门拉手，并应采用门外可紧急开启的插销。

厕位内应设坐便器，便器两侧设安全抓杆，要求同独立无障碍卫生间的坐便器（图6-25）。

3）卫生间的其他设计要求

（1）卫生间应设置在使用效率较高的通道或容易发现的位置，在大厅及楼梯附近较为理想。各层尽可能处于同一位置，而且男女卫生间的位置也不宜变化。

（2）地面、墙壁及卫生设施宜采用对比色彩以便弱视者分辨。

6.5.2　公共浴室

1）公共浴室应在出入方便的位置设置残疾人浴位，在靠近浴位处应有 1.50m 直径的轮椅回转面积。

2）残疾人的浴位与其他人之间应用活动帘子或隔断间加以分隔。应采用外开门，隔断间短边不应小于 1.50m。

3）在浴盆及淋浴临近的墙壁上，应安装安全抓杆。

4）淋浴宜采用易用的冷热水混合开关。

5）在浴盆的一端宜设宽度不小于 450mm 的洗浴坐台，高度宜为 450mm。在淋浴喷头的下方应设可移动或墙挂折叠式安全座椅。淋浴间内的淋浴喷头的控制开关的高度距地面不应大于 1.20m。

6.6　公共空间轮椅席位无障碍设计

6.6.1　轮椅席位

在会堂、法庭、图书馆、影剧院、音乐厅、体育场馆等观众厅及阅览室，座位数为 300 座以下时应至少设置一个轮椅席位，300 座以上时不应少于 0.2% 且不少于 2 个轮椅席位。轮椅席位所在位置应方便残疾人到达和疏散（图6-26），轮椅的通行宽度 1200mm，轮椅席设置在中间时可用撤除 6 席普通座椅的方式解决，而在最后排时撤除 3 席便可。县市级以上图书馆还应备有视觉残疾者使用的盲文图书、录音室，具体设计要求如下：

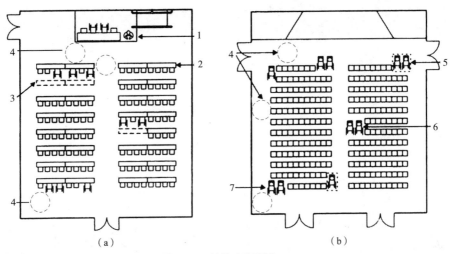

图 6-26　轮椅席的设置

（a）教室轮椅席；（b）剧场轮椅席

1—手语翻译；2—听觉残疾人席位；3—撤除桌子设轮椅席；4—轮椅回转空间；5—前排轮椅席位；
6—中间轮椅位置；7—后排轮椅席位设置

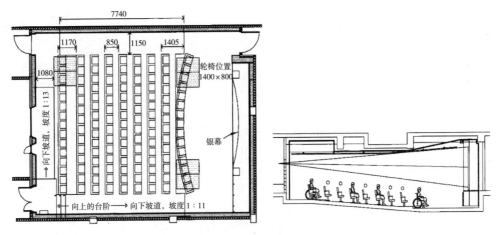

图 6-27　轮椅席的设置位置

1）轮椅席应设在便于疏散的出入口附近，不得设在公共通道范围内。图 6-27 所示为阿克电影院轮椅席位设置。

2）最好将两个或两个以上的轮椅席位并列布置；在轮椅席位旁或在临近的观众席内宜设置 1：1 的陪护席位，会堂、报告厅及体育馆的轮椅席位，可根据需要设置。轮椅席位上的视线不应被遮挡，也不应遮挡其他观众。

3）轮椅席位不应小于 1100mm×800mm。

4）轮椅席处的地面应平整防滑，并设无障碍标识，边缘宜设置栏杆或栏板。

6.7 生活空间无障碍设计

6.7.1 客房及居室

旅馆中供残疾人使用的客房以及福利建筑中的无障碍居室为残疾人参与社会生活、扩大社会活动范围提供了有利条件。

1）宾馆应根据需要设残疾人床位。无障碍客房的数量比例为：100 间以下应设 1~2 间；100~400 间，应设 2~4 间；400 间以上，应设 4 间以上。

2）残疾人客房应靠近低层部位、安全入口、服务台及公共活动区。

3）在乘轮椅者的床位一侧，应留有不小于 1500mm×1500mm 的轮椅回转面积，床的间距不小于 1.20m（图 6-28），床的使用高度宜为 450mm。

4）客房的门窗、家具及电器设施等，应考虑残疾人使用的尺度和安全要求（图 6-29），供听力障碍者使用的客房应安装闪光提示门铃，卫生间和客房内均应设高度为 400~500mm 的求助呼叫按钮。

5）宜配备导盲犬休息空间。

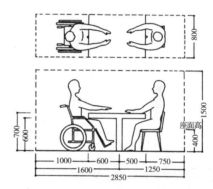

图 6-29　供乘轮椅者使用餐桌的功能尺寸

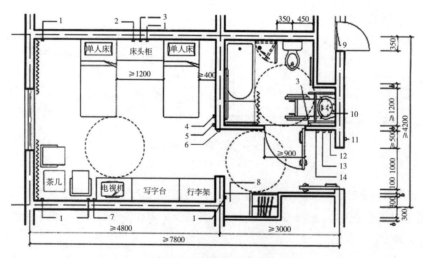

图 6-28　无障碍客房平面布置

1—电插座；2—电话接线盒；3—呼叫按钮；4—空调开关；5—照明开关；6—换气开关；7—天线插座；
8—壁柜与酒吧；9—防护栏杆；10—轮椅用洗手盆；11—门铃及勿扰标志；12—节能插卡盒；
13—走道照明开关；14—卫生间照明开关

6.7.2　厨房

无障碍设计的厨房要以安全和使用方便为原则。厨具宜简单，过道不宜过窄。厨房应便于整理，有一定的空间。

设计中要保证轮椅的旋转空间。厨房设施应避免横向布置，最好采用 L 形或 U 形布置。操作台高度最好可调节，以便轮椅使用者使用（750～850mm）的同时普通人也能操作，操作台下方的净宽和高度都不小于 650mm，深度不应小于 250mm。

6.8　公共建筑构件与家具无障碍设计

6.8.1　门

门是保证房间完整独立使用功能不可缺少的构件，同时也是干扰残障人士通行的主要障碍之一。由于出入口的位置和使用性质的不同，门扇的性质、规格、大小各异。一般来说，开启和关闭门扇的动作对于肢体残疾者和视觉残疾者是很困难的，容易发生碰撞的危险。因此，门的部位和开启方向设计需要考虑残疾人使用的安全。便于残疾人使用的门优先选择顺序是：自动门＞推拉门＞折叠门＞平开门＞轻度弹簧门＞重度弹簧门和旋转门。

玻璃门不适宜残疾人使用，当采用玻璃门时，应采用醒目的提醒标志。

从使用难易程度来看，最受欢迎的是自动推拉门，其次是手动推拉。折叠门的构造复杂，不容易把门关紧，但轮椅使用者操作起来较容易。自动式平开门存在着由于突然打开而发生碰撞的危险，通常是沿着行走方向向前开门，所以需要区分入口和出口。旋转门轮椅不能使用，对视觉残疾者和步行困难者也较容易造成危险，如不得不选择旋转门，应在其两侧安装平开门。由于我国消防规范要求疏散门使用平开门，与障碍人士的需求存在一定矛盾，故应使非疏散门首先满足无障碍的要求。

总体要求

1）供残疾人使用的门优先使用自动门，并在内外墙面宜设开关按钮，高度宜为 900mm 左右。不得采用旋转门且不宜使用弹簧门。

2）自动门开启后的通行净宽度不应小于 1000mm，平开门、推拉门、折叠门开启后的净宽不应小于 800mm。在门扇内外应留有 1500mm 的轮椅回转空间。

3）门扇及五金等配件应便于开关，把手高度距地面宜为 900mm，并宜在距地 350mm 范围内安装护门板。

4）在单扇平开门、推拉门、折叠门的门把手一侧，至少应留 400mm 墙面。

5）平开门、推拉门、折叠门宜设观察窗，高度应考虑乘坐轮椅者及儿童的使用要求，以 700～1800mm 范围为宜。

6）门槛高度及门内外高差不应大于 15mm，并以斜面过渡。

7）门宜与周围墙面有一定色彩反差。

6.8.2　窗

窗的无障碍设计要考虑到残疾人使用的方便和安全。对轮椅使用者而言，窗的设置应考虑不遮挡视线和容易开启，窗台的高度要根据轮椅使用者和重度残疾者的视线要求确定。窗台较低的情况下，为防止突发性危险，应设置扶手。须考虑轮椅使用者擦窗时手能触及玻璃，尽量避免危险的开窗形式。在残疾人使用的通道处开窗，应避免对通道的正常宽度产生影响。

6.8.3　扶手和护板

1）扶手

扶手是残障人士通行中的重要辅助设施，用来保持身体平衡和辅助使用者行进。扶手不仅能协助乘轮椅者、拄拐杖者及视觉残疾者的行走，也能给老年人、幼儿的行走带来安全和方便。通常在坡道、台阶和通道的凌空侧和靠墙侧须设置扶手，扶手的位置、高度和形状直接影响到使用效果。前面 6.4.2 与 6.4.3 已介绍过扶手的主要设计要求，此外还应满足性能指标，即受力要求任何一个支点都能承受 100kg 以上的力。

2）护板

护板通常安装在墙和门距离地面较近的部位，用来避免轮椅使用者磕碰墙面和门，以保护身体和墙面。

（1）墙护板最好为橡胶、木制或塑料等有弹性的材料，从地面开始高度为 350mm。

（2）门护板通常是在原来门的面板上加装铝合金板，也可用钢板喷塑或不锈钢板。

6.8.4　地面

粗糙和松动的地面（如地毯）会给乘轮椅者的通行带来困难，积水地面对拄拐杖者的通行造成危险，光滑地面对任何步行者的通行都会有一定影响。

1）防滑

室内外通道及地面的坡道应平整、坚固、耐磨，地面宜选用防滑且不宜松动的表面材料并应设防风避雨设施。防滑表面包括铺设混凝土、混凝土预制板、人字形路砖和涂防滑涂料的混凝土。比较高级的防滑处理可使用磨料应用于环氧化物载体，油漆类的产品须定期更新。室内坡道可选用防滑聚乙烯地面或橡胶地面系统。

2）警示

宜选用比较醒目的颜色，如人字形的色带涂在坡道上，以免视力残疾者忽略坡道的存在。尤其在边坡处，可用醒目的中黄色色带区分加以提醒。视力残疾者使用的出入口踏步的起点和电梯的门前应铺设有触觉提示的材料及提示盲道。

3）坡度

室外平台至室内地面以及通往卫生间的地面经常存在高差，但高差不宜大于 15mm，并且需用坡度不大于 1/12 的斜面过渡。

4）排水

坡道平台要注意不能存水，为此有必要进行竖向设计，可在平台上向两侧适当起坡，但倾斜度不应超过 1/50，否则会引起轮椅的失稳。通道及入口处集雨水的铁篦子应有隔栅，且注意隔栅应垂直坡道前进的方向，以免轮椅陷入，隔栅间距或孔洞不宜大于 15mm。

6.8.5　室内家具

家具无障碍设计的总体原则是方便残障人士使用，避免因这些设施引发的伤害或危险，提高房间的易用性。

1）触摸式平面图

在建筑物出入口附近，宜设表示建筑内部空间划分情况的触摸式平面导向图（盲文平面图）（图6-30），并宜安装发声装置。

2）服务台

（1）对于轮椅使用者，服务台高应在700~800mm 左右，下部应有腿部伸入空间，深度不小于 450mm，高度不小于 600mm，宽度不小于 750mm（图6-31）。

（2）对于拐杖使用者，需设置座椅及拐杖靠放的场所；对于站立使用者，其高度最好同时能支撑不稳定的身体或另设扶手；对于视觉残疾者，不应设置玻璃隔墙。

3）桌子

对于轮椅使用者，其下部要留出脚踏板插入的空间（图6-31），宜做成固定式或不易移动式。

4）饮水机

（1）对于轮椅使用者，饮水机下方要有能插入脚踏板的空间，最好选用从墙壁中突出的饮水器。

（2）考虑到视觉残疾者，突出饮水器最好配置在离开通行路线的凹陷处。

（3）饮水器及开关统一设在前方，最好手脚都能进行操作。

（4）饮水器高为 700~800mm（图6-32）。

5）控制按钮

（1）主要控制按钮的高度必须设置在

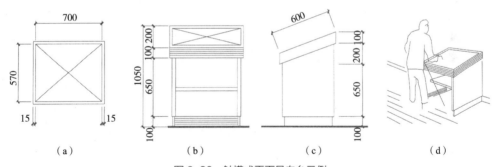

图 6-30　触摸式平面导向台示例
（a）平面；（b）正立面；（c）侧立面；（d）整体示意

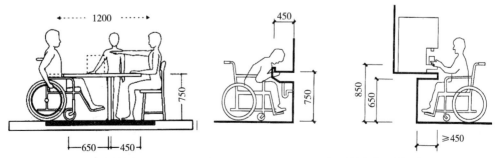

图 6-31　乘轮椅者的服务台　　　　　图 6-32　供乘轮椅者使用的饮水器

轮椅使用者能够触及的范围，并设在距地面 1200mm 以下的位置（图6-33），所有的控制系统都应做成易用的形状和构造。

（2）同一用途的控制开关，在同一建筑物内应尽可能为同一种设计。

（3）考虑视觉残疾者使用方便，简单的控制开关要明确说明其内容，如电源插座、电视插座、电话、警报器标识等。

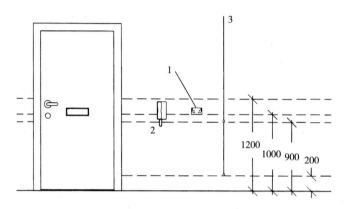

图6-33　电气和控制元件的基本分布图
1—综合插座；2—电话；3—警报器拉线延伸位置

第 7 章

公共建筑实例选编

本部分按照公共建筑的功能性质分为 9 个小节，辑录了 30 个近十年来建成的国内外典型公共建筑。选编的原则主要是作为前述 6 章原理阐述部分的实例补充，一方面涵盖主要公共建筑类型，从而为读者展现较为完整而具体的公共建筑概貌；另一方面，所选取的每个案例并不追求新、奇、特，更多的是考量其对于前述各章原理部分的实际解读程度，以便能够辅助读者更好地理解理论部分的含义。每个案例均包括平面和剖面图，辅以一定的实景图片，有助于感兴趣的读者结合原理部分的内容进行深入的解读。特别需要说明的是案例分析的来源，每一类型的公共建筑案例分析均出自以下三个来源：其一，是编者讲授的建筑学本科二年级《公共建筑设计原理》课程的优秀结课论文，这部分案例分析都是学生经过实地调研在授课内容框架下有感而发的成果；其二是由案例的建筑设计师提供的方案构思阐述；其三是编者根据本书理论部分的知识点，针对性地选择近乎各类型建筑的典型建成项目作为案例进行相应的解读。这种编辑模式是希望能够获得更为多元的建筑评论角度，让这部经典教材呈现更为开放与包容的样貌，也为拓展读者的思路提供更为丰富的参照。

7.1　文教建筑

7.1.1　天津大学郑东图书馆 [1]

图 7-1　郑东图书馆外部全景（图片来源：高悦）

---

[1] 此案例分析主要节选自天津大学建筑学院建筑学专业张涛（2013 级）和高悦（2014 级）的"公共建筑设计原理"课程结课论文，并由编者编辑。

建 筑 师：周恺

所在地点：中国，天津，津南区天津大学北洋园校区

建筑面积：总建筑面积 49 240m^2

建成时间：2015 年

1）总体构思

天津大学郑东图书馆位于北洋园校区东西主轴线上，是校园核心岛的中心，也是校园轴线上的一个关键节点。新图书馆为校区提供了一个可供师生交流、共享的公共活动空间；在这里人们既可以举办各种学术交流活动或学校仪式典礼，也可以驻足欣赏庭院景色或休息交流。图书馆设计方案从校园空间的特色出发，借鉴中国传统建筑中以"庭院"为中心的空间组织模式，力求营造一个现代校园精神中所强调的公共性与开放性的内聚型书院文化精神场所。

2）设计特点

（1）校园总体规划对建筑造型的影响。北洋园校区的整体规划有一条明确的中轴线，即从东门，经过新的北洋广场、"斗兽场"、一座小桥、图书馆，终点是青年湖边的大通学生活动中心。郑东图书馆作为这条中轴线上一个非常重要的节点，向东与主教学楼"斗兽场"遥相呼应，向西指向青年湖边的大学生活动中心。因此，建筑师采用了方环形这种对称体量，既呼应了轴线节点建筑的重要性，与周边建筑相协调，又通过局部底层架空强调并贯通中轴线景观视廊。内部庭院也着意营造规矩而灵活、宁静又充满惊喜的空间氛围，从而丰富了人群在轴线上的景观体验（图7-2）。

（2）建筑体量与内部功能的有机组织。中间挖空的庭院，使得整体方正而敦实的建筑体量获得了更多的外墙面，并且使得建筑内部不同功能的组织更为灵活巧妙。具体来说，建筑师把南馆和北馆的一层二层分隔开，把三层四层连接起来，即在一层和二层巧妙地把办公区和阅览区划分开，明晰了教工和学生的流线；同时在三层和四层这样需要安静的地方营造出大面积的阅览空间，从而创造了更多可供学生们阅读、自习的场所，增强了实用性（图7-3）。

图 7-4 是图书馆北侧区域的一层总体平面布局，尽管建筑尺度较大，但是南北两侧的空

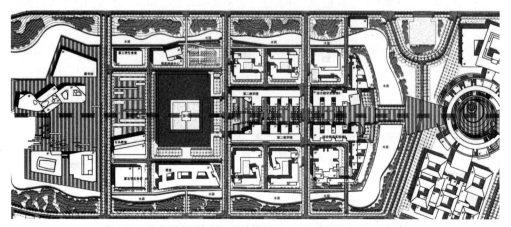

图 7-2　郑东图书馆与校园总体规划关系示意（图片来源：高悦）

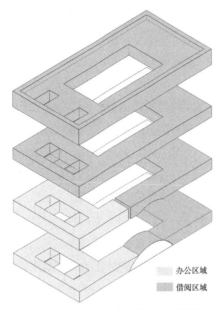

办公区域
借阅区域

图 7-3　分区示意图（图片来源：高悦）

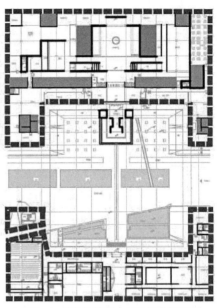

图 7-4　郑东图书馆一层功能分区示意
（图片来源：张涛）

间组织方式因其具体功能性质的差异而呈现不同的平面形态与空间特性。比如，南侧区域十分规整，划分很紧密，带有传统教学楼教室的样子，将整个南侧区域分割成一个个独立房间作为办公室。在其西侧有两个大的被整合在一起的区域，这样在左右分别有了不同的功能属性，左边报告厅占据了几乎所有空间，而且是一二层通高的，这里的集会属性很强，而右侧整齐的办公室排布形成办公区域的整合。报告厅与办公区域的结合，使得南侧的平面划分规整但又有疏密变化。

（3）图书馆内部流线组织井然有序且灵活多变。

郑东图书馆的北侧是实现图书馆功能的公共服务空间，首先标识了入口的位置，橘色为学生使用入口，主入口位于内院的北侧，就是图 7-5 下面的入口，流线也就是从这里开始慢慢深入的，分析平面的区域划分，它已经不是

传统的规整独立空间的样子，首先不同于办公性质建筑平面的空间布置，而且不同于传统图书馆的空间划分。

下面以二层平面图为例，对于郑东图书馆内部空间的排布进行一个简要的分析。

大多数同学进出图书馆都是通过北馆一层的主要入口。进来之后首先会看到一个大的四层通高的共享空间，正午时刻光线强烈的时候，上方格栅天窗投下丰富的光影。一层除了共享空间之外大多都是服务型空间和休息性空间，因此大多数同学会选择通过景观楼梯或者电梯到二楼（图 7-6）。

二层的布局也是对称的，空间的处理出发点来自于主副空间的关系，保留左右对称的中心线，流线的尽头为大厅空间，并围绕大厅安排其他附属空间；在室外空间与交通空间的分隔下，进行图书馆空间排布，安排书架位置、书桌位置和多人交流位置。

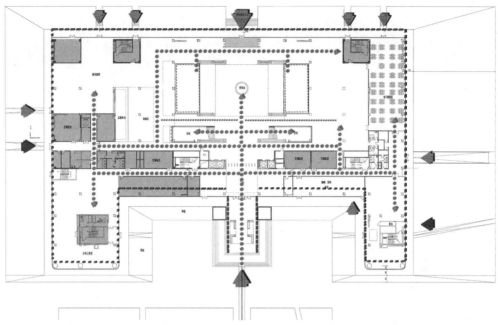

图 7-5 郑东图书馆一层北侧平面流线分析（图片来源：张涛）

图 7-6 四层通高的共享空间（图片来源：高悦）

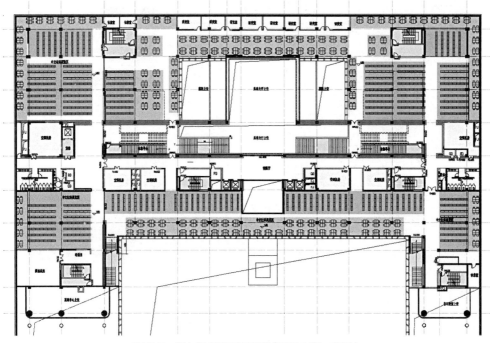

图 7-7　郑东图书馆二层平面（图片来源：高悦）

也正是由于两侧布局高度对称，两侧的配套设施也对称，甚至如果是第一次走进郑东图书馆有可能会迷路。在大的功能排布方面无时无刻不体现着上文提到的特点，就是巧妙地运用书架、服务型房间或交通空间等把私人的阅读领地分隔开，形成一些安静的阅读区。

沿着二层的窗边走一圈，会发现所有的窗边都整齐地摆放着可供自习的书桌和座椅，这里的窗边包括朝向图书馆庭院外侧的长窗、朝向图书馆内侧庭院的长窗和朝向几处天井的窗子。而在相对内部的空间里，光线相对较暗，同时人流量也比较大的地方，布置了书架。在不同的阅览区之间，由一部分垂直交通空间和空调用房等辅助性的空间分隔开。在整体上，阅览区域、书架和服务型空间均匀地分布开，形成了公共性与开放性相结合的内聚型书院文化精神场所（图 7-7）。

（4）兼顾交通组织与空间体验的流线设计。设计时既要考虑每层的分区，又要考虑层与层之间的联系，在处理流线关系时，既要保证竖直方向上流线的顺畅，又要考虑相同功能区各层间的联系。图书馆采用了串联兼通道的空间组合形式。流线的设计十分灵活，各个书架和阅览空间之间既可以直接相互连通，又可以经过通道连接各个空间，使每一处使用空间，都具有连通性，又具有单独性（图 7-8）。

（5）内外庭院在大型公共建筑中的作用。中央庭院与底层局部架空的设置不仅契合了中轴线的视线与景观要求，而且在实际流线组织上，也成功进行人流的引导，并提供了尺度上适合停留与交流的外部空间。中央庭院作为人们活动的集合场所，与建筑立面的大跨架空形成空间上的沿承关系，有外部空间的视觉与空

图 7-8　郑东图书馆中庭全景（图片来源：高悦）

图 7-9　郑东图书馆中庭全景（图片来源：高悦）

图 7-10　郑东图书馆中庭内景（图片来源：高悦）

间上的引导，同时在建筑中庭形成聚集与交流的场所，这样就有效地回应了建筑坐落于中心轴线的问题。从场所精神来说，图书馆的氛围借鉴了传统的书院氛围，除了形成空间上的聚集关系外，这个内庭的设置有利于将整个区域从东侧的教学氛围中隔离开来，这里悠闲的读书氛围与紧张的教学节奏形成鲜明对比，更呼应了总体构思中对书院文化精神场所的设想（图 7-9、图 7-10）。

郑东图书馆除了中央庭院外，还有散布着其他几处小庭院与通高的天井，在为图书馆的内部空间提供了更多宝贵的采光的同时，结合书桌等阅读家具的设置更易营造出静谧而专注的读书氛围（图 7-11）。

图7-11 郑东图书馆顶部采光天窗（图片来源：高悦）

7.1.2　中央财经大学沙河校区图书馆

图 7-12　中央财经大学沙河校区图书馆全景鸟瞰

建 筑 师：崔海东 李东哲 张婷婷

所在地点：中国，北京，昌平区中央财经大学沙河校区

建筑面积：总建筑面积 30 501m²，建筑层数为地上 5 层，地下 2 层

建成时间：2015 年

图片摄影：张广源

资料提供：建筑师

图书馆作为学校最重要的建筑，位于校园的核心位置。

建筑设计从校园有机生长的总体规划思想出发，以营造典雅精致持久的空间为设计目标，以构建严谨的秩序为设计策略。

综合考虑自然地理方位、校园规划体系和周边建筑空间对位，确定秩序成长框架。南北四组纵列阅览藏书单元以三组服务单元分隔，服务单元整合电梯、卫生间及共享中庭于一体。七组空间并置，以包裹三处共享空间的"书架墙"贯穿整合。主入口依据校园秩序，定位于偏西的服务单元，其对应的共享大厅被放大成为中心大厅。以 24m 边长立方体的形态，彰显秩序感，也给予读者宏伟的空间感受。

共享空间的屋顶选用锯齿形天窗，引入天然采光，形成类似院落的感受，阅览空间围绕共享空间形成"室内书院"的多重空间序列。

外部体量是内部建构秩序的延展。四组阅览单元形成厚重的基座，呼应周边街坊式布局适当扭转。基座和周边建筑群共同烘托出完整的矩形主体建筑。

建筑内部现浇框架剪力墙体系，外围护体系以幕墙和预制混凝土板墙体装配而成。立面依据朝向采用不同的开窗形式。建筑完成形态以混凝土质感表现，同建构体系一致，简朴不失典雅，古拙富有意趣（图 7-13~图 7-21）。

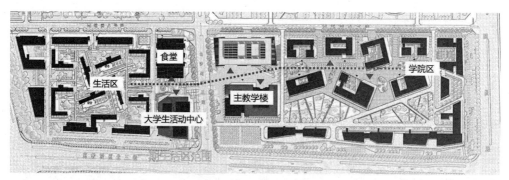

图 7-13　总平面示意

图 7-14　北侧人视点

图 7-15　主入口

图 7-16　大堂

图 7-17　阅览空间

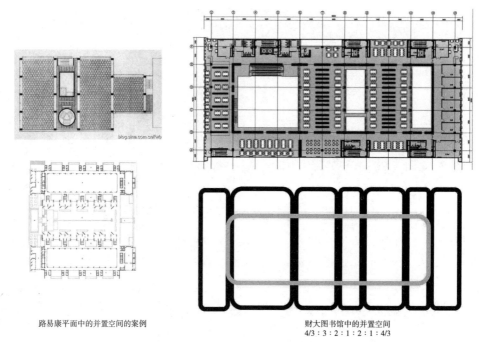

路易康平面中的并置空间的案例

财大图书馆中的并置空间
4/3：3：2：1：2：1：4/3

图 7-18 并置空间的组合分析

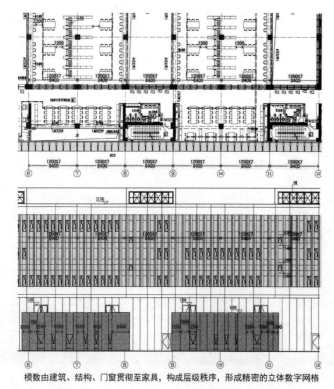

模数由建筑、结构、门窗贯彻至家具，构成层级秩序，形成精密的立体数字网格

图 7-19 贯穿整个建筑的基于
模数的层级秩序

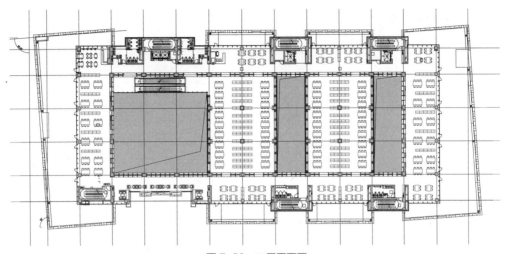

图 7-20　二层平面图

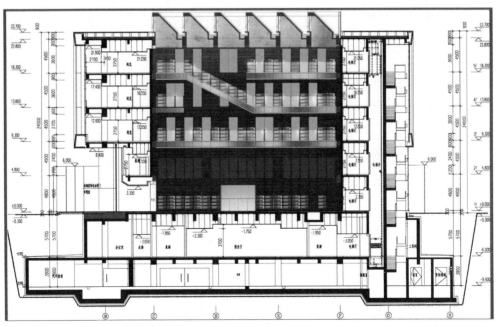

图 7-21　剖面图

7.1.3 北京四中房山校区

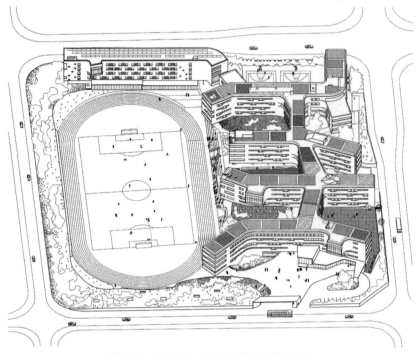

图 7-22　北京四中房山校区总体轴测示意图

建 筑 师： OPEN 事务所
所在地点： 中国，北京，房山区长阳镇
建筑面积： 57 773m^2
建成时间： 2014 年
图片来源： http://www.archdaily.com/555746/beijing-no-4-high-school-fangshan-campus-open-architecture

就功能配置而言，这是一个典型的面向中等教育的学校建筑群，不仅在各个主要功能空间的尺度与排布方面，还是总体分区规划方面，都较为理想地满足了现有中学教学管理的要求。

但是在空间组织方面，建筑师以"创造更多充满自然的开放空间的设计出发点——这是今天中国城市学生所迫切需要的东西，加上场地的空间限制，激发了我们在垂直方向上创建多层地面的设计策略。"这样的设计策略造就了这所学校在整体规划和建筑组织方面所具有的城市设计特征，也就是说，在这里，并不仅仅只有传统意义上的中学所应具备的教学组织功能，还突出了一种社区氛围的营造，从而尝试实现所谓的教学空间与非教学空间之间有序且自然的衔接与融合。具体而言，就是选取游泳馆、食堂、风雨操场与礼堂作为嵌入常规教学空间的活跃单元，通过提升传统意义上的交通联系空间的设计感与通透性将上述教学空间（活动单元）巧妙地编织在一起，从而让行进其中的体验变得丰富而且更易于激发师生之间的课外交流（图 7-23～图 7-28）。

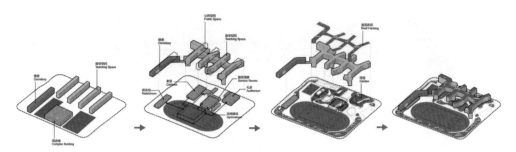

图 7-23　功能体块组织图解

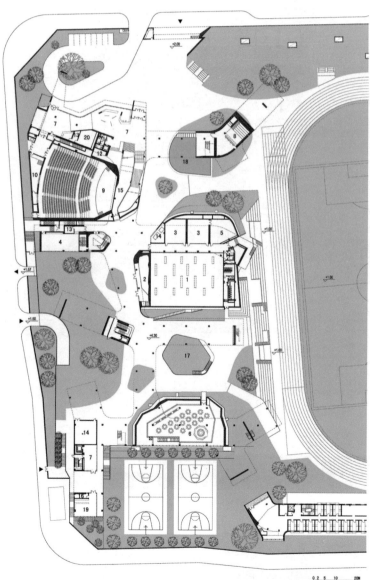

1—风雨操场
2—攀岩
3—音乐教室
4—舞蹈教室
5—教师办公室
6—教师餐厅
7—门厅
8—报告厅
9—礼堂
10—放映室
11—卫生间
12—小卖部
13—储存室
14—设备用房
15—活动空间
16—值班室
17—下沉竹园
18—水池
19—咖啡厅
20—贵宾接待室

图 7-24　首层夹层平面

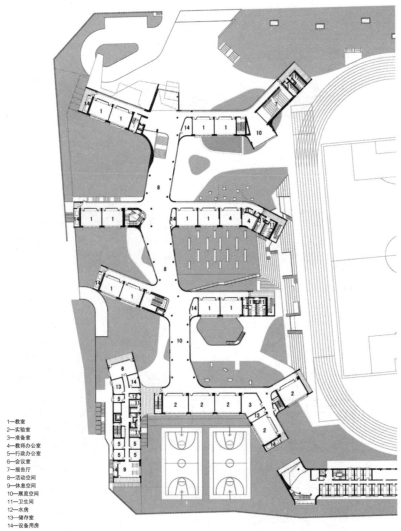

1—教室
2—实验室
3—准备室
4—教师办公室
5—行政办公室
6—会议室
7—报告厅
8—活动空间
9—休息空间
10—展览空间
11—卫生间
12—水房
13—储存室
14—设备用房

图 7-25 二层平面

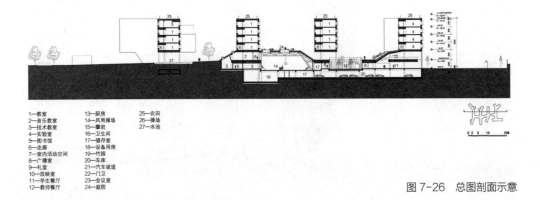

1—教室　　　　13—厨房　　　　25—农田
2—音乐教室　　14—风雨操场　　26—操场
3—技术教室　　15—攀岩　　　　27—水池
4—实验室　　　16—卫生间
5—图书馆　　　17—储存室
6—走廊　　　　18—设备用房
7—室内活动空间 19—竹园
8—广播室　　　20—车库
9—礼堂　　　　21—汽车坡道
10—放映室　　　22—门卫
11—学生餐厅　　23—会议室
12—教师餐厅　　24—庭院

图 7-26 总图剖面示意

图 7-27　交往空间

图 7-28　具有设计感的竖向交通空间

7.1.4　赫威斯国际幼儿园

图 7-29　全景鸟瞰

建 筑 师：CCA悉筑（上海）建筑规划设计有限公司

所在地点：中国，浙江，宁波市海曙区前丰街

建筑面积：3 471m²

建成时间：2016 年

图片来源：https://mp.weixin.qq.com/s/dTtsPD80CRUfcDeuNNW6tg

赫威斯国际幼儿园的前身是该幼儿园业主早期创立的旧厂房，也就是说，幼儿园是建立在过去作为加工作坊使用了多年的旧有建筑中的。因此，"对旧建筑的整合、组织，以及新建筑与社区的关系"都是建筑师首先要考虑的问题。通过对原有建筑进行一定取舍之后，建筑师针对幼儿园的功能配置与空间氛围展开设计，通过在节点位置提供兼具缓冲与疏导作用的公共空间、尺度多变而适应更广泛需求的活动空间，目的在于提供通透而开放的空间效果，并提供了一些缓冲、疏导的空间，以及尺度多变的活动空间。借此，建筑师在实现幼儿园各功能分区之间的便利联系的同时，为整个幼儿园构建出一条"多定义的公共轴"，既满足了功能的无障碍连接，也促进了人员活动的多样性。

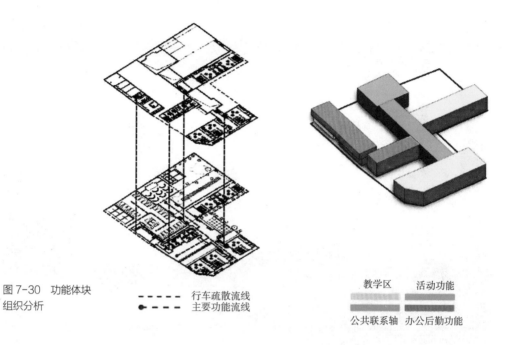

图 7-30　功能体块
组织分析

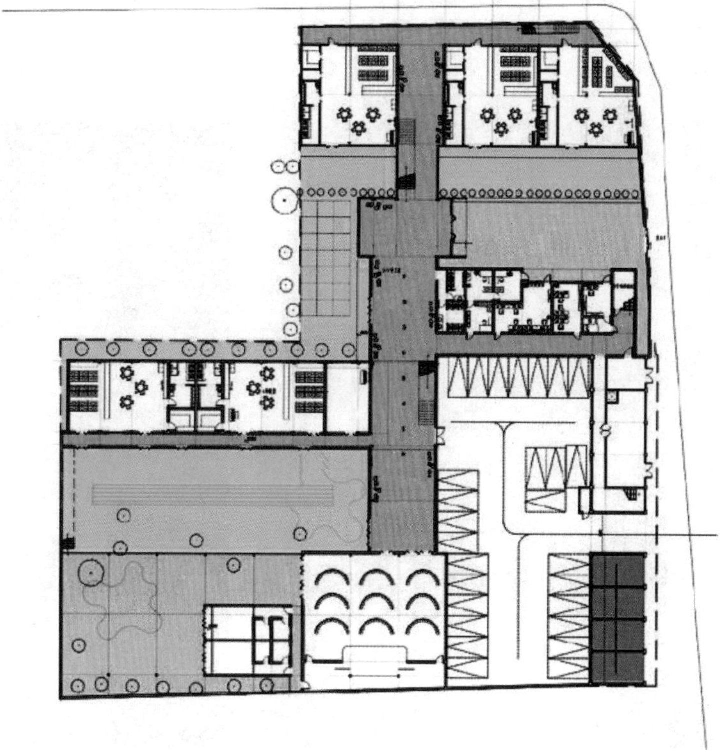

－－－－－　行车疏散流线
●－－－－－　主要功能流线

教学区　　　活动功能

公共联系轴　办公后勤功能

图 7-31　首层平面
示意（多定义公共轴）

图 7-32　入口街景

图 7-33　主入口

图 7-34　共享空间（缓冲、疏导空间）

图 7-35 室内外联通的公共活动空间（尺度多变的活动空间）

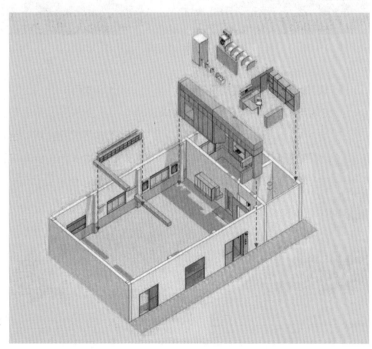

图 7-36 内部家具整体
设计示意

7.2　办公建筑

7.2.1　上海宝业中心

图 7-37　东南面鸟瞰

建 筑 师：零壹城市建筑事务所

所在地点：中国，上海，闵行区申长路 388 号

建筑面积：27 394m²

建成时间：2017 年

图片来源：http://www.ikuku.cn/post/ 21867

作为宝业集团总部的上海宝业中心，所处区位是上海市快速发展的地区，且由于基地位于该区域公路、铁路和航运交通枢纽的交汇点，所以，这座办公建筑也担负着重要的区域

地标作用。

上海宝业中心最终体量的生成是对基地诸多严苛的规划限定条件的综合考量的结果。L 形的基地形状；三面建筑红线贴线率均为 60%，剩余一面还紧邻一条高架公路；不超过 1.60 的建筑容积率，且建筑限高 24m。基于上述基地现状条件，建筑师在满足基本功能的前提下，着重探讨"体量围合与空间开放、功能性使用与游走性体验之间的平衡关系"。

主要的办公空间被分解为三个体量，并且在一层之上通过架空的连廊进行联系，这样一来，既保证了三组办公空间的相对独立，又增加了人们行进其间的丰富体验。在满足贴线率和面积要求的同时，依据三组办公空间的出入口设置，间布有开放性空间和围合性庭院，从而保障了室内空间的采光与通风需要，且通过增加建筑内外部空间的界面层次，让使用者获得更为多变的空间体验，也使身处复杂城市景观中的建筑秩序井然而不失趣味。

图 7-38　主入口

图 7-39　中心庭院

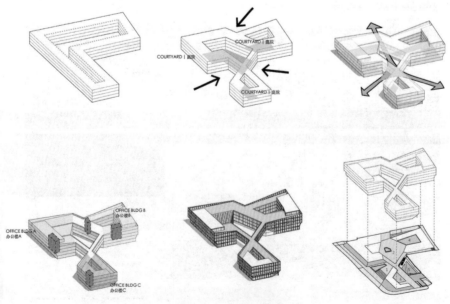

图 7-40　体量生成图解

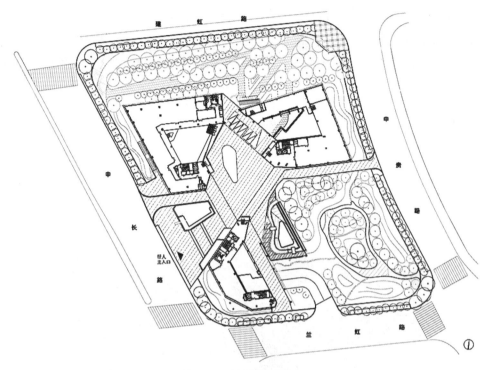

图 7-41 首层平面示意

7.2.2 安杰利尼创新中心

图 7-42 远景

建 筑 师：Alejandro Aravena

所在地点：智利，圣地亚哥大都市区

建筑面积：8 176m²

建成时间：2014 年

图片来源：http://www.archdaily.com/549152/innovation-center-uc-anacleto-angelini-alejandro-aravena-elemental/

安杰利尼创新中心是智利天主教大学与安杰利尼集团共同发起建造的，旨在促进研究人员积极接纳并参与到最先进的学术活动中。基于这样的初衷，建筑师对传统的办公空间进行了颠覆性的改变，即以尽可能透明和开放的属性来界定原本完全隔绝的建筑交通核心，诸如电梯厅、中庭空间等。由此在建筑中为使用者最大限度地提供各种"相遇"的可能，对于这样一座研发性质的办公建筑而言，这些面对面的接触意味着更多的智慧碰撞与灵感激发，更

图 7-43　近景

能从建筑空间组织的角度切合创新中心的实际需求。与此同时，办公空间则采用灵活布局与可持续调整的布局形式，以适应不同工作模式的需求。这样一来，通过各种透明边界，人们也在分享着彼此的工作状态，不论是正式的还是非正式的，不论是个人活动还是集体工作，透明的中庭空间都像是一个信息容器一样，既是容纳也是展示。

安吉利尼创新中心因其处于沙漠气候地区，为了消减建筑能耗且兼顾室内环境质量的均好性，采取实体感很强且具有规整几何体块的建筑形态。外墙上巨大且深凹的洞"洞口"既可以有效防止太阳光的直接照射，获得更为柔和的室内采光，又利于通风，此外，对应的建筑空间也为使用者提供了又一种形式的"相遇"空间。

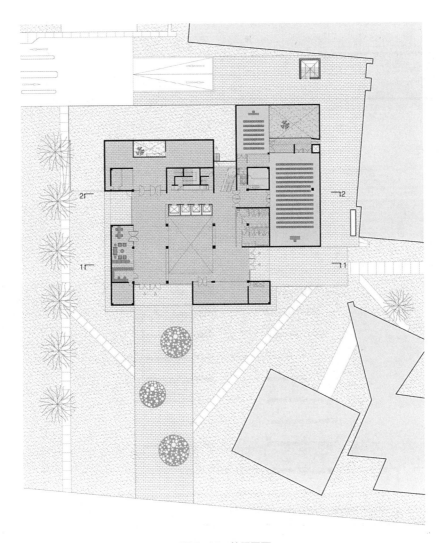

图 7-44　首层平面

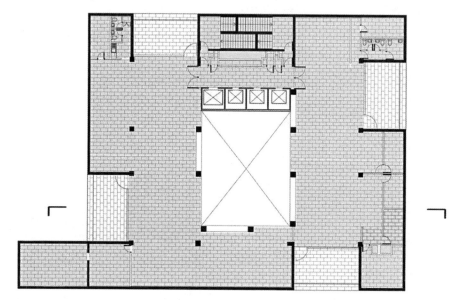

图 7-45   七层平面

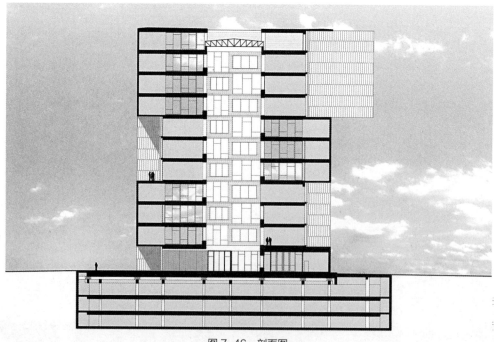

图 7-46   剖面图

图 7-47 室内中庭

7.2.3 玉树藏族自治州行政中心

图 7-48 实景鸟瞰（摄影：姚力）

建 筑 师： 清华大学建筑设计研究院

所在地点： 中国，青海，玉树藏族自治州

建筑面积： 72 000m²

建成时间： 2014 年

图片来源： https://www.archdaily.com/783801/yushu-administrative-centre-thad?ad_source=search&ad_medium=search_result_all

玉树藏族自治州行政中心是适应特殊建设环境（高寒高海拔）与背景（震后重建），以低技适宜性的建造模式探讨艺术性与技术性结合的典型案例。

玉树藏族自治州行政中心的地域性设计特质主要体现在以下三个方面：其一是对民族性和地方性符号的提取与，建筑体型与组群结构充分借鉴了藏文化传统中的宗山意象与藏式院落，以此呼应建筑功能所反映出的政权性质与亲民氛围。其二，由于上述设计创意，在具体的平面布局与建筑形态中利用基地高差与主题院落着意营造出层叠交错的意象，一方面，有效地消减了如此大规模的建筑所带来的威压与沉闷，突显尺度宜人的建筑室内外空间，另一方面，主次有序且虚实相间的建筑群体在层层叠叠中形成了丰富的层次感和明显的水平肌理，整体建筑庄严挺拔。其三，建筑选用了颇具质感的装饰混凝土劈裂砌块，这种可持续建材既环保又便宜，而且通过精心设计与比对，最终呈现的外观效果与当地的藏族建筑风格相得益彰，与远处的雪山呼应，更有一种圣洁的雕塑感。

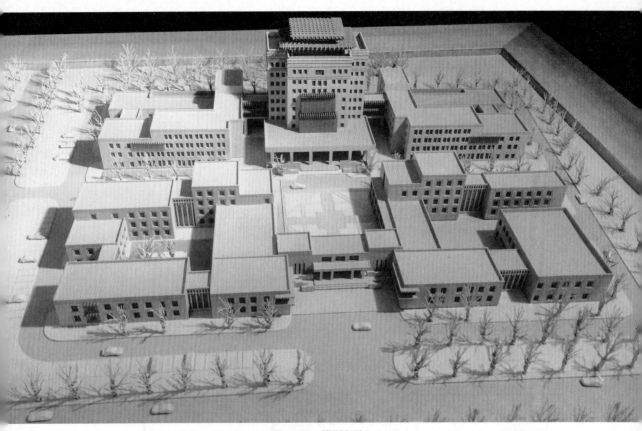

图 7-49 模型鸟瞰

图 7-50 入口广场（摄影：姚力）

图 7-51　水院（摄影：姚力）

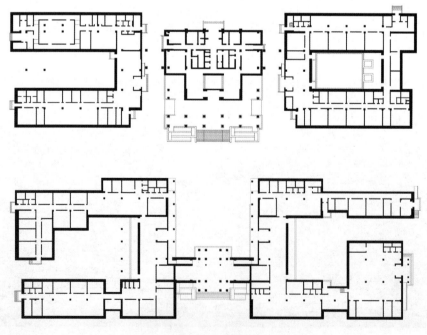

图 7-52　平面示意

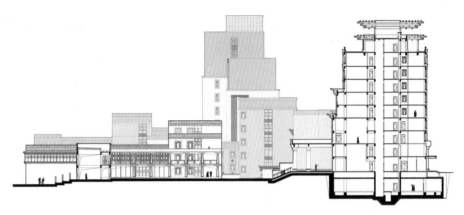

图 7-53　剖面

图 7-54　室内共享空间（摄影：姚力）

7.2.4　法国驻德国柏林使馆（德）

图 7-55　构思草图

建筑设计：克里斯蒂安·德·包赞巴克
室内设计：伊丽莎白·德·包赞巴克
建成时间：2003
地段面积：4 675m²
建筑面积：25 000m²

该使馆是重建项目，位于著名的巴黎广场。重建的核心问题在于在狭窄的地段中，布置和满足较为复杂的使馆功能要求，力争避免使人有压抑的感觉，试图在有限的基地中拓展有效的使用空间，达到办公空间具有良好的自然采光，获取通透明朗的效果，以满足当代人对新的生存环境的需求。（摘编自《世界建筑》2006/08）

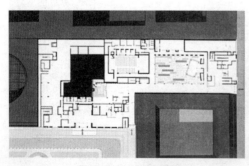

图 7-56　一层平面图

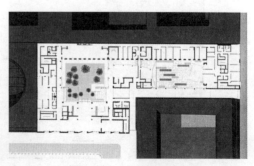

图 7-57　二层平面图

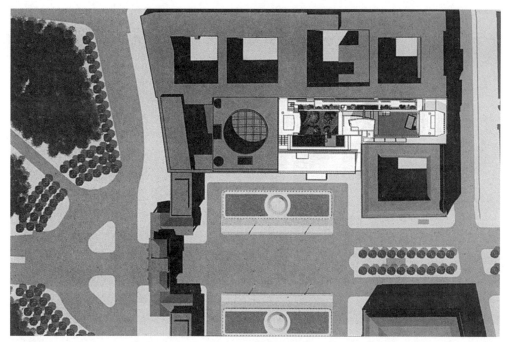

图 7-58　地段布置图

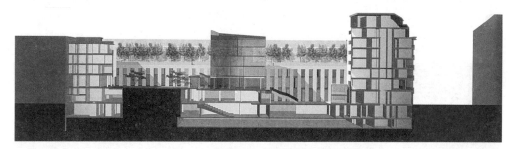

图 7-59　横断面图

图 7-60　沿巴黎广场室外景观

图 7-61　室内景观

图 7-62　庭园景观

7.3 博展建筑

7.3.1 天津美术学院美术馆 [①]

图 7-63 天津美术学院美术馆鸟瞰

建 筑 师：张颀（AA 创研工作室）

所在地点：中国，天津，河北区中山路和天纬路交口（天纬路 4 号）

占地面积：9 360m²

建筑面积：28 915m²

建成时间：2006 年

图片来源（特别标注除外）：郑宁，王志刚. 积极对话天津美术学院美术馆解读 [J]. 时代建筑，2010（5）：54-59.

1）总体构思

天津美术学院美术馆位于学校与城市相交的边缘，周边用地性质混杂，建筑风格多样，富有传统文化氛围，但是，道路交通拥挤，且缺乏如街边的绿地空间、城市广场等由城市空间向建筑空间的过渡。针对上述基地特征，美术学院美术馆拥有了这样的三个使命：构筑同时服务于学校和社会的双重服务性质的美术馆；对拥挤的城市空间进行拓展，与城市空间产生积极的对话，同时营造艺术氛围，塑造城市中的艺术空间；构建这一传统街区的新型地标建筑。

① 此案例分析主要节选自天津大学建筑学院建筑学专业张岩琪（2013 级）、蒋嘉元（2014 级）的《公共建筑设计原理》课程结课论文，并由编者编辑。

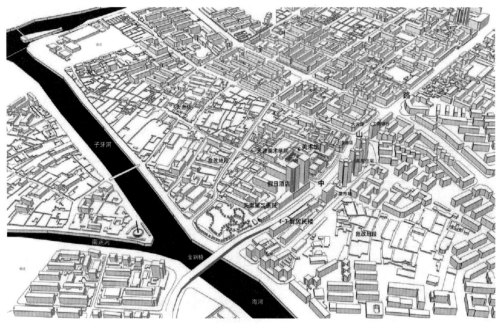

图 7-64　基地与城市街区的关系（图片来源：刘恒. 营造都市中的艺术空间 [D].
天津大学硕士学位论文. 2005.）

2）设计特点

（1）基于复合功能而采用了化整为零、体块聚合的布局方法。

美术学院美术馆综合了展览馆、图书馆、报告厅、文化超市、创作工作室以及教学用房六大主要功能部分，要求其既能服务于城市，又要方便学校师生的使用。

参照功能、流线、日照等因素，将各功能区安置在不同的体块之中，使各部分功能相对独立，避免大体量与非人尺度的问题；削弱整体的体量感，减弱对城市步行道和校园及城市中的历史建筑的影响，同时便于实现体块的错动、体块之间体量和虚实的对比等活跃因素。各功能体块之间以横向联系为主，且因地制宜，形式多变，展览馆和图书馆与多功能区之间通过入口大台阶、两道斜墙、玻璃天棚、两条空中步廊相连接，而图书馆与展览馆则是在偏西侧通过一个挺拔的玻璃光庭连接，两个体块中间的垂直通缝作为室外的展示空间。

（2）基于城市空间完整性的建筑界面设计。考虑到基地边界所处的拥挤的城市空间，美术馆适当后退，形成一个小型的城市步行广场，为行人提供了城市中的绝佳的逗留场所，也是使得建筑与城市之间具有了积极的缓冲空间。另一方面，在主入口的设计中，通过逐渐抬升的平台，既在一定程度上隔绝了城市环境对美术馆的噪声与视线干扰，而且不同高度平台在组织不同体块功能交通联系的同时又兼具室外展示功能，从而营造出面向城市的"都市舞台"，充分体现美术馆作为公共建筑的开放性。在这里，城市空间得到充分的延展，建筑也不再是封闭或是独立于外部而存在，建筑与城市空间进行了充分的对话。

图 7-65　体块与功能关系（黄色为图书馆、绿色为教学用房、红色为展览馆）

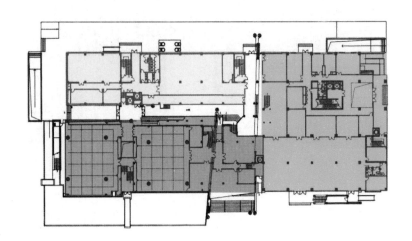

图 7-66　首层平面

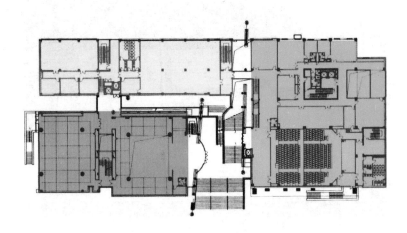

图 7-67　二层平面

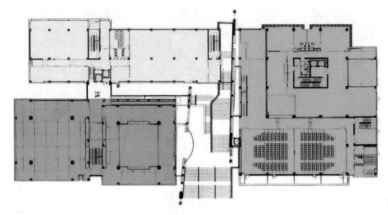

图 7-68 三层平面

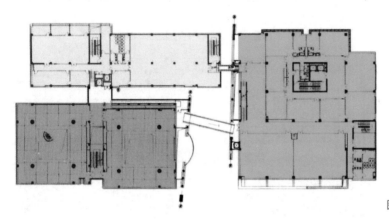

图 7-69 四层平面

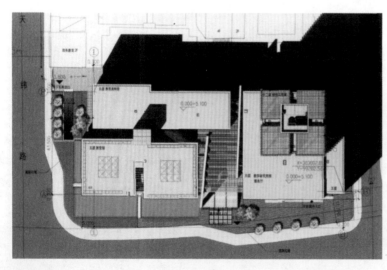

图 7-70 总平面图

图 7-71　美术馆与城
市空间的关系
（图片来源：贾巍扬）

（3）基于体块与界面考量而生的特异空间——缝隙空间。由于体块聚落的布局方式，体块之间形成了缝隙空间。典型的就是展览馆与图书馆之间的垂直通缝，在一层作为室外展示空间，对其余各层则提供了采光。在此缝隙中伸出挺拔的玻璃光庭，是展览馆与图书馆之间的交通厅，设有电梯、台阶，用以连接两个体块并组织垂直交通。

（4）基于风格塑造与区域定位的材质组合。基地处在传统文化商贸区，美术馆希望成为这一区域的亮点，在风格塑造上采取了稳重与轻盈相对比的手法。主体体块采用白麻石做外饰面，色调纯净，朴素沉稳，形成实体的雕塑感与体量感；与之相对比的是高层塔楼采用玻璃幕墙外围护结构，颇具通透感和轻盈感，对比鲜明；同时关于连接几个体块的部分，玻璃光庭连接展览馆与图书馆，入口空间上方用通透的玻璃光篷和轻盈的钢结构空中步廊连接厚重的体块；风格简约而沉稳，虚实对比鲜明。

图 7-72 图书馆与展览馆之间的缝隙——室外展场（图片来源：贾巍扬）

（e）

7.3.2 鸿山遗址博物馆

图 7-73 近景

建 筑 师：崔愷、张男、李斌、熊明倩、郑萌、李存东（景观）、赵文斌（景观）

所在地点：中国，江苏，无锡鸿山遗址公园

建筑面积：9 139m²

建成时间：2008 年

资料来源：建筑师

鸿山遗址是春秋晚期到战国早期吴越之地的贵族墓葬群，其中出土原始瓷质的礼、乐器型制齐全，是研究吴越文化源流的珍贵文物。

基地周围现状为东西走向的农田，东侧几百米外沿九曲河支流两岸为现状村落。博物馆依托于丘承墩原址的残存封土来布局，馆主体建筑与封土堆拉开距离以避免对遗址的干扰，同时将丘承墩原址保护棚作为特别主题展厅，串接在整个博物馆的展线上，强调了遗址本体的重要性。

设计将与遗址墓群形态特征和环境的关系作为建筑设计的出发点，重构一种既与当地自然景观契合，又能反映春战时期吴越之地自然环境和历史氛围的建筑景观。故压低博物馆建筑体量、建筑外观考虑使用到与遗址封土和周边农田相呼应的地方性材料，体现含蓄、平和的设计理念。

1）总体布局

馆址位于邱承墩封土堆与新区环鸿东路之间的地带，故主入口设在西侧，面向环鸿东路，与遗址景区的游览流线组织架构相配合；

图 7-74 远景

按不同内容将条状的展厅平行排开，方向与邱承墩遗址墓坑和周边稻田的走向一致，顺应遗址周边的环境特征。

2）平面架构

建筑内部流线展厅平行布局，以中央大厅为核心，以南北向的宽走道为纽带将各个展厅串接起来，公共区的流线宽敞顺畅，同时各展厅在布局上左右错开，便于根据不同的展览内容形成不同的空间体验。

3）建筑造型

建筑造型的来源有三：遗址封土堆的形态特征；遗址周围环境中呈东西走向的农田肌理；苏南民居中的建筑要素（坡顶屋面）。完成后的整体建筑形体是一组错动的长方形体量，草顶土墙，与周边的自然环境交融为一体，只有中部架在门厅和原址上的几段坡屋面以独特的形象提示了公共空间，暗示了融合有朴素的江南民居和粗犷的先秦建筑形态的特征。

4）材料选用

建筑外墙的主要材料是仿土喷砂，局部内凹的空间采用整片玻璃，屋面植草，场地道路采用朴素的石碴铺地等，都力图在整体环境上烘托出具有历史感的古朴悠远的环境效果；中央公共空间上部的坡屋面（铜瓦顶），以及内墙和部分院落墙体的内表面采用白色涂料，则概括地反映了地方民居的建筑特点；外墙的外侧土层是为了使建筑形体与遗址区中错落的封土堆相呼应。

图 7-75　入口大厅回望

图 7-76　遗址展示大厅

图 7-77　主入口

图 7-78　公共空间

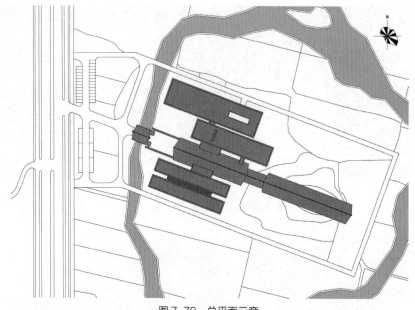

图 7-79 总平面示意

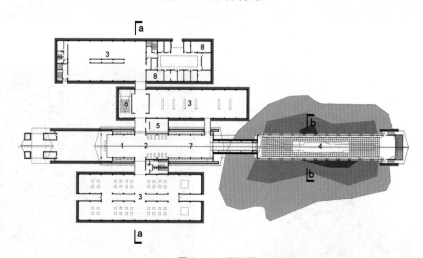

图 7-80 平面图

1—门厅；2—中央大厅；3—展厅；4—原址展厅；5—贵宾室；6—报告厅；7—纪念品商店；8—办公室

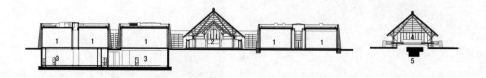

aa 剖面

图 7-81 剖面图

bb 剖面

1—展厅；2—中央大厅；3—文物库房；4—原址展厅；5—遗址坑

7.3.3　芝加哥艺术博物馆现代展览部分

图 7-82　室外（图片来源：http://www.archdaily.com/24652/the-modern-wing-renzo-piano）

建　筑　师：伦佐·皮亚诺

所在地点：美国，伊利诺伊州，芝加哥市

建筑面积：27 394m^2

建成时间：2009 年

图片来源：除标注外，均为自摄

基于博物馆文化传播与教育普及的社会责任，以展示现代艺术作品为主的博物馆现代展览部分位于老馆的东北角，由一座设计简洁的金属连桥通往千禧公园核心地带，从而与城市更为密切地联系在一起。

整个现代展览部分的建筑体型简洁规整，外立面大部分为玻璃幕墙，其中方正的主体量上方覆盖一层由轻巧的铝制百叶组成的遮阳篷。向四面出挑深远的遮阳篷首层主要为面向公众进行教育普及的设施，二、三层才是展览空间，其中，屋顶满铺的天窗使得三层展厅能够完全被自然光照亮。所有展品库和设备机房均布置在地下层。

现代展览部分的外立面并没有如传统博物馆一般采用开窗较少的实体墙面，而是选择简洁开敞的玻璃幕墙与轻巧的铝制遮阳百叶的组合，既有效地遮挡了阳光直射，带给室内更为柔和的光环境，又契合新翼在城市中开放融合的形象定位。

整个现代展览部分通过玻璃、金属与石材的有机组合，不仅打破了原本巨大而完整的建筑体量，而且传达出一种坚固但不笨重、简练但不简陋的建筑美学。

图 7-83　连接现代新翼与千禧公园的室外坡道桥（图片来源：http://www.archdaily.com/24652/the-modern-wing-renzo-piano）

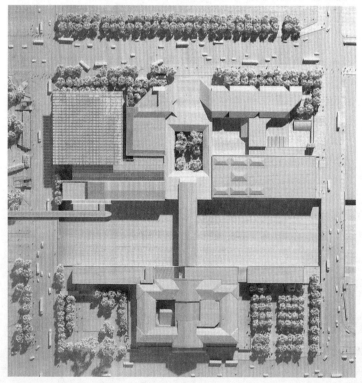

图 7-84　总体模型（图片来源：http://www.archdaily.com/24652/the-modern-wing-renzo-piano）

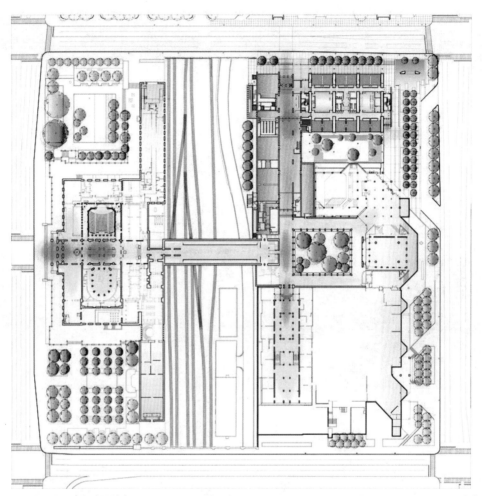

图 7-85　平面示意（图片来源：http://www.archdaily.com/24652/the-modern-wing-renzo-piano）

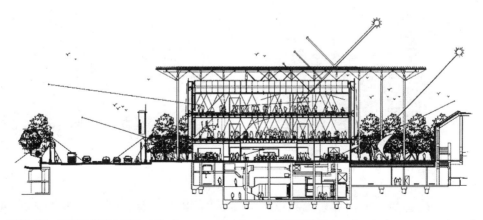

图 7-86　剖面图（图片来源：http://www.archdaily.com/24652/the-modern-wing-renzo-piano）

图 7-87　入口大厅 1

图 7-88　与老馆联系通道

图 7-89　入口大厅 2

图 7-90　入口大厅 3

图 7-91　展厅内远眺千禧公园

图 7-92　展厅

7.3.4　巴恩斯美术馆

图 7-93　东南面鸟瞰（图片来源：http：//www.archdaily.com/238238/the-barnes-foundation-building-tod-williams-billie-tsien）

建 筑 师：Tod Williams Billie Tsien Ar-chitects（TWBTA）

所在地点：美国，宾夕法尼亚州，费城市

建筑面积：8 640m²

建成时间：2012 年

图片来源：除标注外均为自摄

巴恩斯美术馆以展览巴恩斯家族收藏的法国印象派，后印象派以及早期现代绘画和园艺而著称。整个美术馆主要包括画廊和教育空间两部分，分别组织为两个东西向伸展的两层条状体量，分置于建筑的南北两面，中间通过一个通高的长条形共享空间——光庭连接，这种空间的组织方式也可以反映在整个建筑体量上。

在美术馆流线设计上，建筑师特意将主入口设置在背对城市主干道的一侧，通过街角的矮墙、水平伸展的游客接待处、水平如镜的反光水池，将为游客提供了一个逐步由喧嚣步入宁静的空间序列。

在一层连接两个功能空间的光庭就像美术馆的起居室，巨大的屋顶采光为室内赢得了自然而均匀的采光，并且，光庭的西端直通室外平台，可以满足美术馆举办全天候的各类集体活动。

美术馆的画廊考虑到藏品的尺寸和家族收藏的特点，没有采用大空间展厅，而是将画廊按照特定的观展顺序，设计成一个个串联在一起的小空间，空间尺度与室内陈设均模拟藏品之前在巴恩斯家族自宅中陈列的原状，是一种非常特别的观展体验。每个小展室的光环境也充分考虑到展品自身观赏效果，以漫反射的暖白光为主，并且结合室内家具，高低错落排布。

图 7-94 西立面

图 7-95 入口远眺

图 7-96　相映成趣

图 7-97　建筑主入口

图 7-98　总平面图（图片来源：http://www.archdaily.com/238238/the-barnes-
foundation-building-tod-williams-billie-tsien）

1—人行入口广场；2—车行广场；3—入口；4—展馆；5—光庭；6—藏品画廊；7—西侧平台；
8—画廊花园；9—来客服务；10—喷泉；11—反光水池；12—停车场

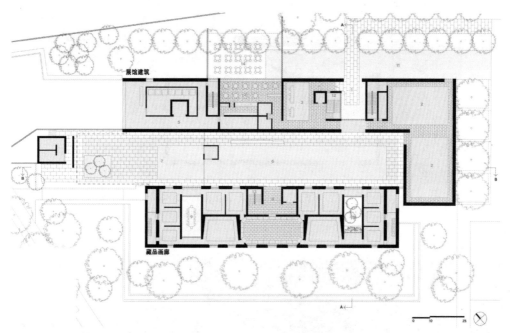

图 7-99 首层平面（图片来源：http://www.archdaily.com/238238/the-barnes-foundation-building-tod-williams-billie-tsien）

1—入口；2—展览画廊；3—入口门厅；4—花园餐厅；5—辅助用房；6—光庭；7—平台；
8—画廊入口；9—画廊教室；10—画廊花园；11—反光水池；12—主楼梯；
13—画廊楼梯；14—餐厅平台

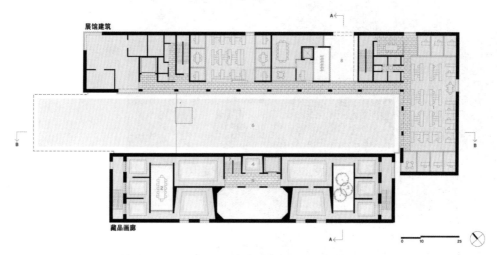

图 7-100 二层平面（图片来源：http://www.archdaily.com/238238/the-barnes-foundation-building-tod-williams-billie-tsien）

1—办公；2—画廊教室；3—画廊花园；4—纪念室；5—阳台；6—光庭上空；7—画廊楼梯；8—画廊入口

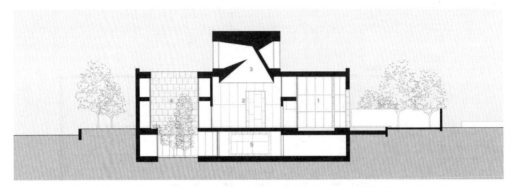

图 7-101 a-a 剖面图（图片来源：http://www.archdaily.com/238238/the-barnes-
foundation-building-tod-williams-billie-tsien）
1—入口；2—光庭；3—采光天窗；4—画廊花园；5—下层门厅

图 7-102 主楼梯

图 7-103　光庭 1

图 7-104　光庭 2

图 7-105　教育空间

图 7-106　内部花园

图 7-107　通往展室的走廊

图 7-108　展室内景

7.4 演出建筑

7.4.1 敦煌剧院

图 7-109 全景

建 筑 师：中建股份公司上海设计院
所在地点：中国，甘肃，敦煌市月牙泉镇
建筑面积：38 217m²
建成时间：2016 年
资料来源：建筑师

大剧院建筑形式汲取了中国汉代建筑古朴憨厚的造型语言，采用了大坡屋顶、高台基、古典窗格、柱梁斗栱等富有中国特色的建筑元素，并用现代建筑的造型方法，塑造了端庄的建筑形象。

室内环境力图实现现代剧场与敦煌文化的结合。观众厅的空间氛围与装饰从莫高窟和佛像中汲取灵感，突出聆听的艺术。结合室内灯光设计，打造大漠中漫天星光的意向。入口大厅中选用飞天元素，与中国传统木雕工艺相结合。

敦煌大剧院在四个方向都设置了出入口，并将主要出入口设于东西两侧，与旅游区的主轴线吻合，方便迎接来自旅游区的大型人流。大剧院主要入口层设在标高 2.25m 处，满足剧场建筑对观众厅前后不同高度的要求，同时后勤辅助位于地面层，方便对外联系，后勤入口与主入口设置于不同标高，有利于它们和参观人流的分流，使得场地内的人流组织井然有序。

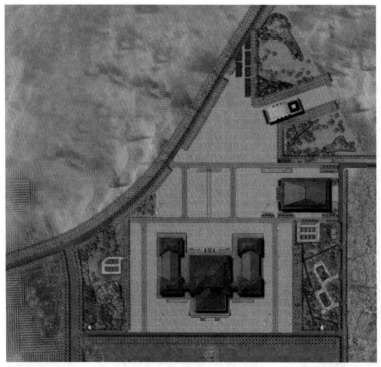

图 7-110　总平面图

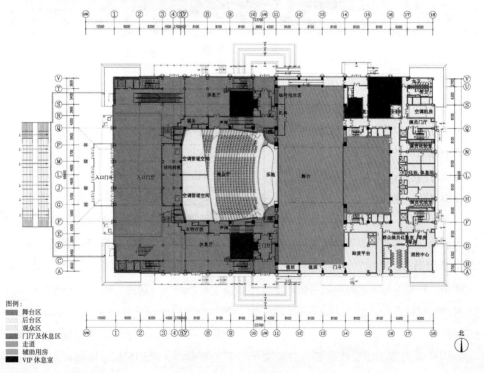

图 7-111　首层平面图

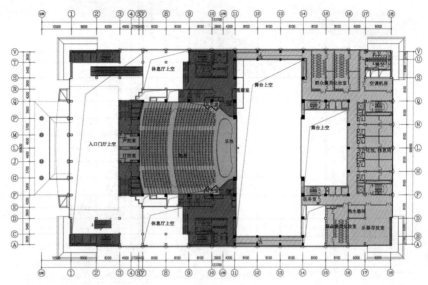

图例：
后台区
观众区
门厅及休息区
辅助用房

图 7-112　5.2 米标高层平面

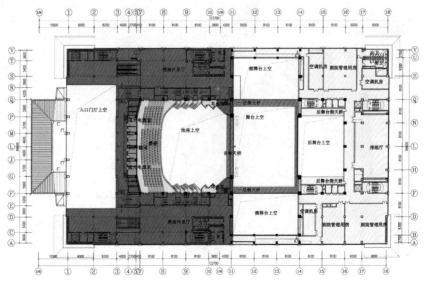

图例：
舞台区
后台区
观众区
门厅及休息区
辅助用房

图 7-113　10.4 米标高层平面

图 7-114　主入口门厅 1

图 7-115　主入口门厅 2

图 7-116　观众厅内景

图 7-117　贵宾室

图 7-118　入口室外鸟瞰

图 7-119　由会展中心望大剧院

图 7-120　主立面

图 7-121　东北向鸟瞰

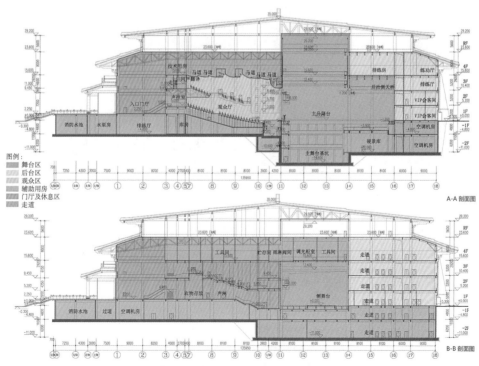

图 7-122　剖面图

7.4.2　文斯比尔歌剧院

图 7-123　夜景全景

建 筑 师：Foster + Partners

所在地点：美国，德克萨斯州，达拉斯

建成时间：2009 年

图片来源：http://www.archdaily.com/41069/winspear-opera-house-foster-partners

　　歌剧院是达拉斯市全新规划设计的一个重要城市公共空间的一部分，因此，建筑设计更注重与公众活动的关系，同时，借此也为歌剧院室内空间的组织提供了一种更易融入城市生活（活动）的思路。

　　尺度巨大的金属遮阳百叶雨棚从全玻璃幕墙围护的建筑主体伸出，这不仅是适应当地气候特点的被动式节能措施，而且在建筑室内空间和城市公共空间之间营造出一个更为通透开放且喜闻乐见的过渡空间。首先，就空间围合部分的透明性而言，从完全封闭的红色歌剧厅实体，到环绕观众厅外围的玻璃大厅，再到水平延伸出去的格栅雨棚，在满足歌剧院基本功能要求的同时，在建筑与城市之间构建出层次清晰且关系密切的系列空间。其次，从剖面设计的角度，上述空间序列也渐次实现了由高到低、由室内到室外的过渡，作为一座身处城市活动活跃地区的公共建筑，整个建筑体量基于基地活动性质更为协调与融洽，更容易促进市民活动的发生。最后，通过绿植与水面的巧妙设置，室外雨棚的公共区域获得了更为宜人的微气候，使得全天候开放的咖啡厅成为可能，进一步提升了建筑室内外过渡空间的活跃度。

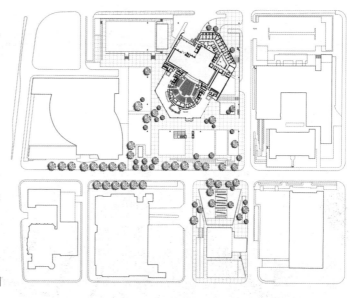

图 7-124　总平面图

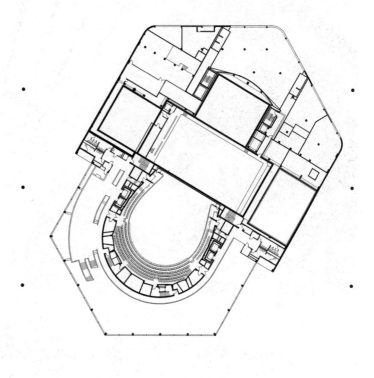

图 7-125　二层平面

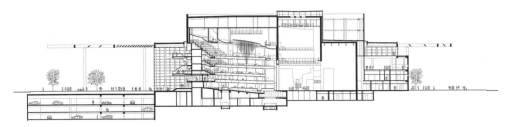

图 7-126　剖面

图 7-127　玻璃大厅 1

图 7-128　玻璃大厅 2

图 7-129　观众厅内景

图 7-130　室外公共空间

7.4.3 瓦格纳诺埃尔表演艺术中心

图 7-131 主入口夜景

建 筑 师：Bora Architects + Rhotenberry Wellen Architects

所在地点：美国，德克萨斯州，米德兰德克萨斯大学卫星校园内

建筑面积：10 139m²

建成时间：2011 年

图片来源：http://www.archdaily.com/287520/wagner-noel-performing-arts-center-boora-architects-plus-rhotenberry-wellen-architects

表演艺术中心坐落的场地空旷平整，具有典型的德克萨斯西部的荒漠戈壁景观。建筑设计正是围绕上述场地特征展开的。在造型方面，建筑主要由两个完整而简洁的体块堆叠而成，并通过立面整片粗糙的当地特产石灰岩贴面形成具有连贯性的折叠线条，由低至高，就像是从平坦戈壁上渐次生长出来一样，充满力量感。高耸的规则体块表面采用能够映射天空的不锈钢材质，加上立面散布的大小不一的开窗，又让整个建筑的夜景具有了强烈的标识性。

造型逻辑与空间组织的相互关照。两个突出的体块分别对应主厅和排练厅，其他公共空间与辅助用房呈平面 S 形分布在这两个主体量的周围，沿将建筑造型中的折叠形态反映在平面空间组织中。这样的平面布局自然分隔出观众主流线和内部流线，相应的活动区域既满足了公共空间的连通与共享，又使得辅助用房尽可能贴近主厅与排练厅等主要功能用房。

图 7-132　总平面图

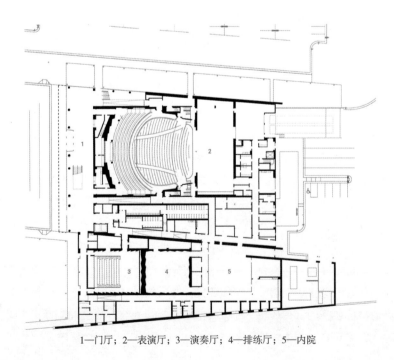

1—门厅；2—表演厅；3—演奏厅；4—排练厅；5—内院　　　　图 7-133　首层平面

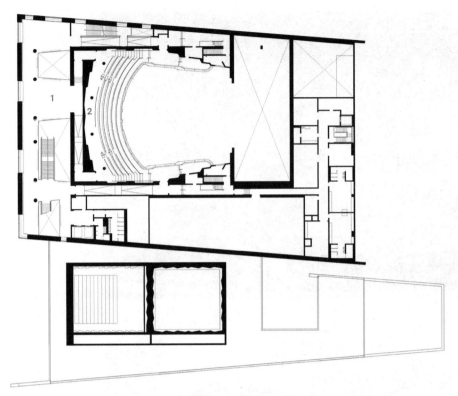

图 7-134　二层平面

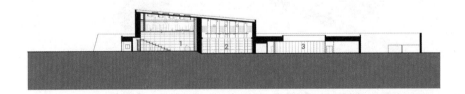

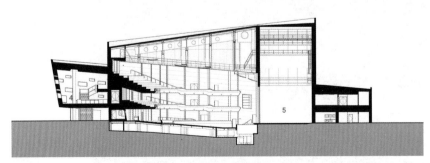

图 7-135　剖面
1—演奏厅；2—排练厅；3—内院；4—门厅；5—表演厅

图 7-136　观众厅内景

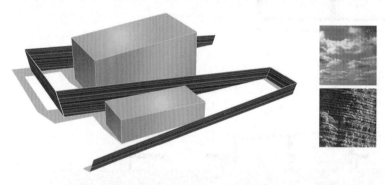

图 7-137　体量生成概念

图 7-138　全景

7.5 体育建筑

7.5.1 深圳湾体育中心

图 7-139 主立面外景

建 筑 师：北京市建筑设计研究院有限责任公司体育建筑研究院

所在地点：中国，广东，深圳南山区

建筑规模：335 298m²（含 2 万座体育场，1.3 座体育馆，650 座游泳馆）

建成时间：2011 年

资料来源：建筑师

设施与环境的协调。通过设置两条轴线（一条面向城市和自然的开发轴，一条从 F1 赛艇中心往北延伸的景观轴），将各设施沿轴设置达到与城市轴网的整合，同时充分考虑海边的景观，将海景最大限度地导入设施里面来。

人性化的设计。二层观众平台和一层车行交通形成人车分流的交通系统。首层观众通过人工地盘周边设置的斜坡或台阶，二层的观众通过在北、南、东三个方向设置的人行天桥，可以无障碍地进入体育中心。

一体化的集中设计。由于体育中心各个场馆的规模不大，独立设置单体建筑的体量会显得比较小，一体化的设计有利于突出建筑的标志性，同时便于实现各场馆附属设施之间的互相利用，提高设施使用率。

优美的建筑造型与活性化空间。三个体育

场馆设施有序排列在造型优美的大屋盖下，在与周边城市道路交汇的节点处设置了三个公共的城市空间分别是西侧的下沉广场，中部的大树广场和东侧对的观景广场，让体育中心与城市有机结合起来。

结构与建筑一体化设计。即结构就是建筑的表皮，结构杆件既承担支撑作用又具有装饰功能，表里如一。通过屋面结构大空间下的树状支撑，创造出开放感，让人感受到置身于树林的意境。

图 7-140　总平面

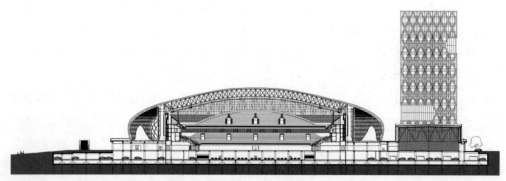

图 7-141　短轴剖面

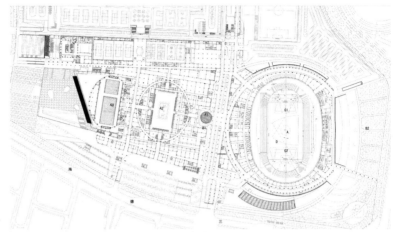

图 7-142　首层平面

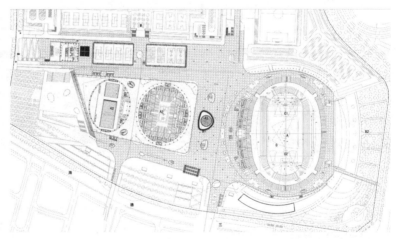

图 7-143　二层平面

图 7-144　全景鸟瞰

7.5.2 塔林体育馆

图 7-145　近景

建　筑　师： Kadarik Tüür Arhitektid

所在地点： 爱沙尼亚，塔林

建筑面积： 21 000m²

建成时间： 2014 年

图片来源： https://www.archdaily.com/574293/tallinn-arena-kadarik-tuur-arhitektid

　　建筑平面严整有序，围绕一主两辅三个大跨度空间进行平面组织。利用不同标高组织不同人流的进出与室内交通，内部流线各行其道、清晰明确。剖面设计仍然以一主两辅三个大跨度空间的功能需求展开设计，不仅获得了实用的内部空间，也相应带来了整体体量的变化与起伏。

　　关注大型公共建筑与周边城市既有建筑体量之间的协调，采用灵感来源于冰晶的立面洞口母题，既呼应地域文化，又通过调整具体尺度在一定程度上获得与场地外既有城市肌理的良好关系。另一方面，由此产生的围护结构开窗既打破了建筑体量的大且整的印象，又通过窗洞映射出的光创造出星星点点的氛围，从而烘托出建筑的标识性。

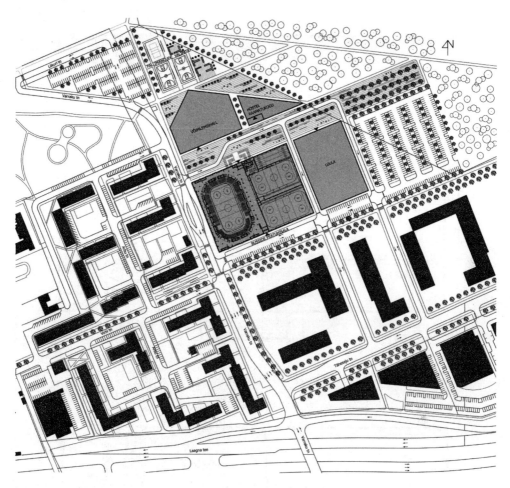

图 7-146　总平面

图 7-147　主立面夜景

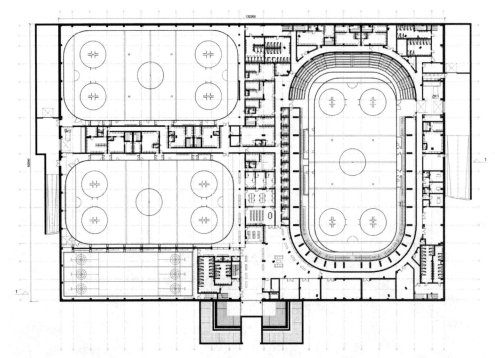

图 7-148 首层平面

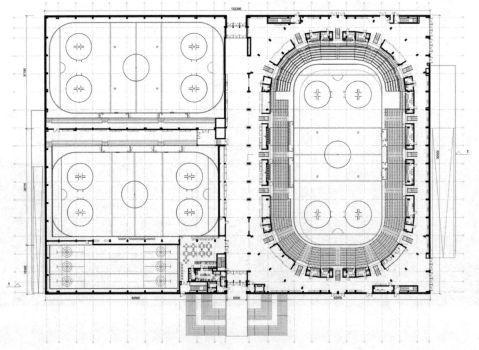

图 7-149 二层平面

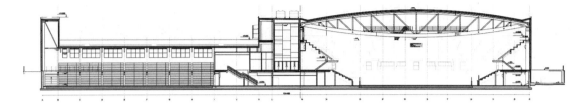

图 7-150 长轴剖面

图 7-151 主场内景

7.5.3 济南奥林匹克体育中心

图 7-152 鸟瞰

建 筑 师: 悉地（北京）国际建筑设计顾问有限公司

所在地点: 中国，山东，济南燕山新区龙洞地区

建筑面积: 35 万 m²

建成时间: 2009 年

资料来源: 建筑师

济南奥体中心作为山东省承办第十一届全国运动会的主会场，位于济南东部燕山新区的龙洞地区，占地 81hm²，总建筑面积约 35 万 m²，包括 6 万人的甲级体育场，1 万人的体育馆，各 4 千人的游泳馆、网球馆，55 000m² 的中心区平台及其他设施，举办了第十一届全国运会的开闭幕式和田径、体操等比赛项目。

济南奥体中心充分结合地形地势，在西场区布置体育场，东场区布置体育馆、游泳馆、网球馆。东区的场馆布局，以圆形体育馆为中心，游泳馆、网球馆以对称的体型环抱体育馆，从而与西场区的体育场实现了空间及体量上的双轴对称；位于东西场区之间的中心区平台下空间，赛时为新闻中心，赛后成为对市民开放的全民健身活动和商业运营服务空间。在场馆单体造型上，以济南的"市树"柳树和"市花"荷花为母题，将垂柳柔美飘逸的形态和荷花层叠的机理固化为建筑语言，韵律中富有变化，形成了"东荷西柳"极具地方文化特色的建筑形态。

图 7-153　三馆全景

图 7-154　体育场鸟瞰

图 7-155　体育场内景

图 7-156　体育场观众休息厅

图 7-157　体育场近景

图 7-158　夜景

图 7-159　体育馆外景

图 7-160　体育馆内景

图 7-161　游泳馆内景

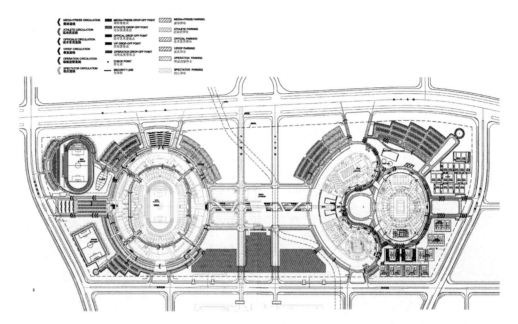

图 7-162　流线分析

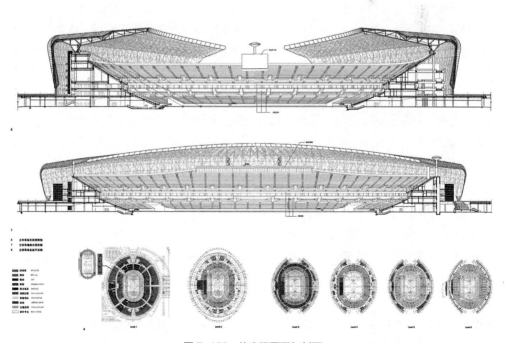

图 7-163　体育场平面与剖面

7.6 交通建筑

7.6.1 上海虹桥交通枢纽

图 7-164 鸟瞰

建 筑 师：华建集团华东建筑设计研究总院

所在地点：中国，上海

建筑面积：1 417 818m²

建成时间：2010 年

资料来源：建筑师

虹桥综合交通枢纽位于上海西大门，沪宁、沪杭两大交通发展轴交汇处，原虹桥机场西侧。建筑东西长约 1km，南北宽约 1.1km，总建筑面积约 142 万 m²。

它于 2010 年 3 月投入使用，是上海世博会重要交通配套设施。它以面向全国，服务"长三角"为目标，包括航空、城际铁路、高速铁路、轨道交通、长途客运、市内公交等 64 种连接方式、56 种换乘模式于一体，旅客吞吐量 110 万人次 / 天，是当前世界上最复杂、规模最大的综合交通枢纽。

虹桥枢纽确立了枢纽"功能性即标志性"的设计宗旨，突出便捷换乘、高效中转、公交优先的设计理念。枢纽分区明确，道路系统做到同向进出、单向循环，实现快慢分离。各设施模块间实现水平贴临、垂直叠合、无缝衔接，为各种换乘方式提供最大程度的便捷。

枢纽由东至西分别为虹桥机场西航站楼、东交通中心、磁悬浮、京沪高铁、西交通中心。垂直方向上，分为五大层面：12m 为出发层；6m 为到达换乘层；0m 为到达层；-9.5m 为到达换乘通道及地铁站厅层；-16.5m 层为地铁轨道及站台层。其中，12m、6m 和 -9.5m 为枢纽三大重要换乘通道。

虹桥枢纽整体造型简洁平和，室内则延续了交通建筑快捷、便利的性格特点，并通过多种交通模式的高度集约，实现了土地资源、综合配套设施以及城市环境资源的集约化，实现节地的高效率。

图 7-165　展开立面

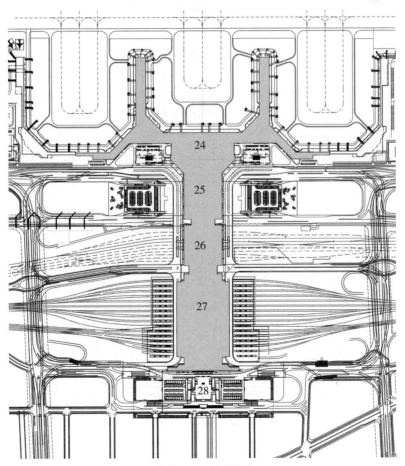

图 7-166　总平面图

24—T2 航站楼；25—东交通中心；26—磁悬浮站；27—高铁虹桥站；28—西交通广场

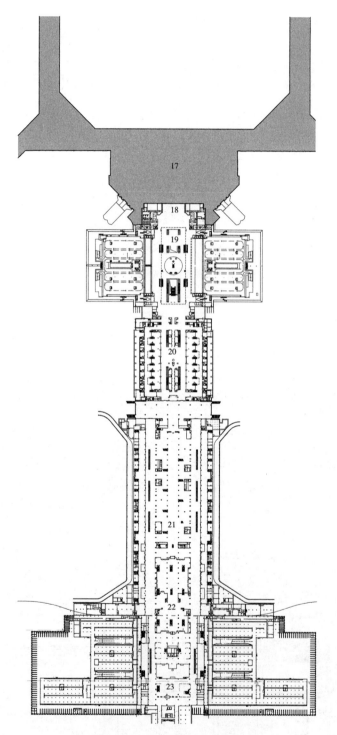

图 7-167　地下换乘大通道平面

17—航站楼位置；18—航站楼地下交通厅；19—轨道交通东站厅；20—磁悬浮地下进站厅；
21—高铁地下进站厅；22—轨道交通西站厅；23—西交通中心地下层

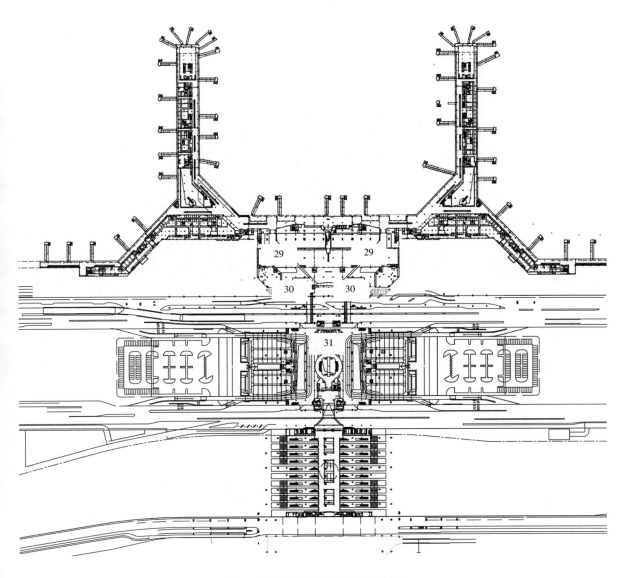

图 7-168　机场到达换乘通道平面层

29—T2 航站楼无行李通道；30—航站楼与东交通中心联系通道；31—东交通中心 6m 换乘中心

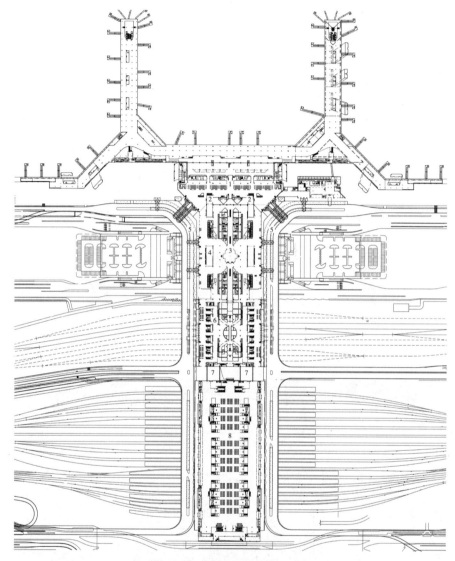

图 7-169　出发换乘通道层平面图

1—办票大厅；2—航站楼与东交通中心联系通道；3—东交通中心换乘中庭；4—东交通中心；
5—出发车道边；6—磁悬浮车站；7—磁悬浮车站与高铁站联系通道；8—高铁候车大厅

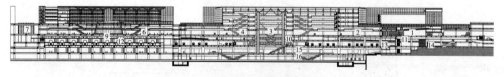

图 7-170　剖面图

1—办票大厅；2—航站楼与东交通中心联系通道；3—东交通中心换乘中庭；4—东交通中心；6—磁悬浮车站；
7—磁悬浮车站与高铁站联系通道；9—磁悬浮出站夹层；10—东交通中心 6m 换乘中心；11—无行李通道；
13—到达车道边；14—行李提取大厅；15—轨道交通站厅层；16—轨道交通站台层

图 7-171　共享大厅

7.6.2 蒙彼利埃高铁站

图 7-172 全景

建 筑 师：Marc Mimram
所在地点：法国，蒙彼利埃
建筑面积：6 000m²
建成时间：2017 年
图片来源：https://www.archdaily.com/915279/gare-tgv-de-montpellier-montpellier-railway-station-marc-mimram

时下，我国高铁网络建设正处于高速发展时期。基于线路和站点设置的总体规划，催生出大量新建高铁中间站。这些站点大多为全新的选址，建设规模不大，功能集中且相对单一，但却完整而清晰地体现了火车站的基本流线组织。这些站点是从属于全国高铁网络布局的一个个节点，除了具有便利快捷的功能性以外，也需要兼顾对选址当地地域性特点的呼应。位于法国蒙彼利埃的这座高铁站是基于上述思考给出的一种解决的可能。

考虑到当地光照和气候特点，高铁站的设计在满足基本功能的前提下，采用了超高性能混凝土制成的双曲线屋顶结构。这种屋顶的造型一方面很好地发挥了材料本身的力学性能，同时充分关照了建筑室内采光和通风的需求。屋顶结构颇具美感的曲线和尺度适宜且有序散布的窗洞，使得车站室内既获得了无柱的大跨度空间，满足了火车站大量人流集散的基本要求，又在满足室内光环境要求的同时，让旅客感受到丰富的光影变化。

此外，高铁站的屋顶结构采用装配式构件，仿手掌的造型也是同时兼顾了结构受力和构件运输与装配过程的要求。

图 7-173　入口

图 7-174　站台层俯视

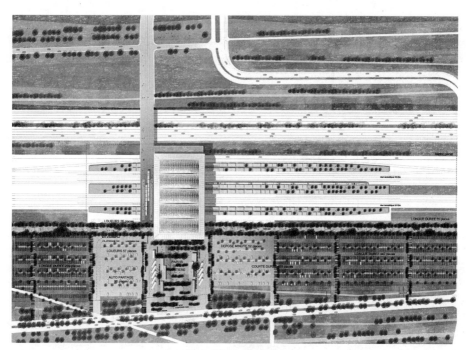

图 7-175 总平面图

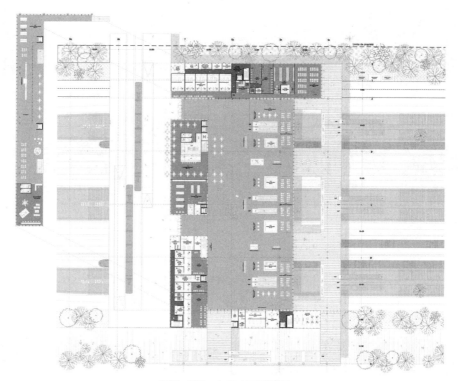

图 7-176 入口大厅层平面

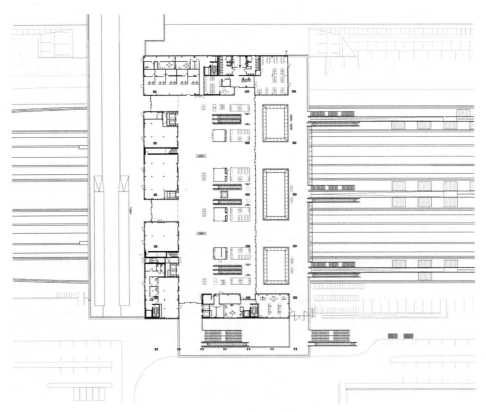

图 7-177　候车大厅层平面

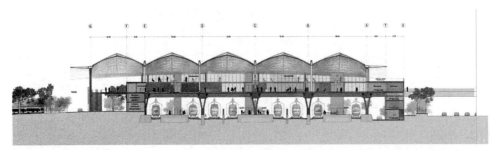

图 7-178　横剖面

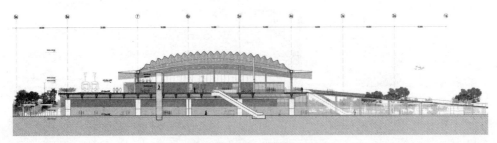

图 7-179　纵剖面

7.6.3 青岛邮轮母港客运中心

图 7-180 整体鸟瞰

建 筑 师：CCDI 墨照工作室，CCDI 境工作室

所在地点：中国，山东，青岛

建筑面积：59 920m²

建成时间：2015 年

图片来源：建筑师

客运中心的空间组织需要适应期功能多样性的要求。按照出入境流线，位于一层的出入境大厅主要承担验票、托运等功能，旅客可以随后到达二层大厅顺序进行安检及办理海关相关手续，并等候登船。在上述基本流线之外，客运中心还设有商业和景观配套，以及固定、临时展区，从而丰富了码头的公共活动，提升了空间使用效率和活力。

富有韵律感的外露门式钢架不仅实现了大跨度无柱室内空间，更构成了寓意风帆造型的独特建筑体型。同时，室内吊顶处理也尽量保持钢结构的形象得以完整呈现，从而获得了内外连续而统一的空间体验。此外，顶部钢结构的规律性弯折与倾斜，既解决了屋面雨水排放的问题，又通过与天窗的结合为二层公共大厅提供了充足的采光。

逐层退台的室外公共平台，一方面兼顾了对冬季主导风向的遮挡与对南侧海港景观的视野，另一方面，在一定程度上连通了室内外空间，为更多样的活动提供了可能场所。

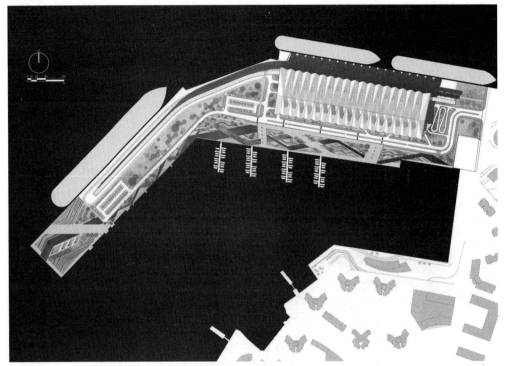

图 7-181　总平面图

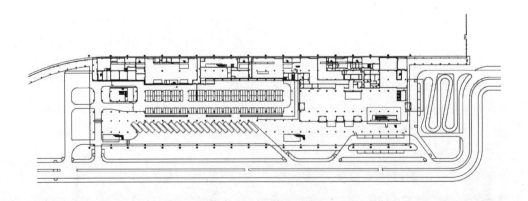

图 7-182　首层平面

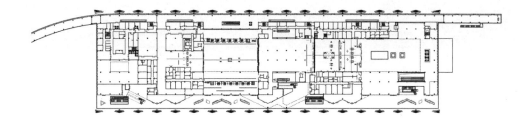

图 7-183　二层平面

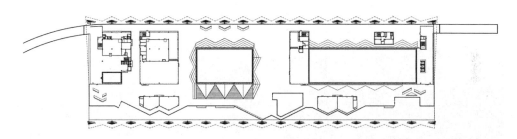

图 7-184　三层平面

图 7-185　剖透视

图7-186　主入口

图7-187　码头一侧立面

图 7-188 二层平台

图 7-189 边检大厅内景

7.7 医养建筑

7.7.1 圣菲波哥大医院基金会医院扩建项目

图 7-190 总体鸟瞰

建 筑 师：El Equipo de Mazzanti
所在地点：哥伦比亚，波哥大
建筑面积：32 000m²
建成时间：2016 年
资料来源：https：//www.archdaily.cn/cn/876770/hong-zhuan-zhe-ge-xiao-yao-jing-you-mei-chu-xin-gao-du-sheng-fei-bo-ge-da-yi-yuan-ji-jin-hui-el-equipo-de-mazzanti

项目是对原有医院的扩建与整合，其一，在功能上，尽可能的将既定的功能模块进行缜密而不失创新的组合；其二，追求对患者就医体验的提升，即注重各类非医院功能的过渡（连接）空间的配置；其三，规模与体量上的扩张，促使这类医院建筑在城市设计层面的思考，传统医院处于特定洁污流线的考虑，通常都是独立与相邻城市街区的内向型布局模式，本方案中，则通过合理设置绿化和商业，在医院自身的功能空间与城市公共空间之间实现更为柔性的过渡与密切的链接。

作为公共建筑中对日照有明确要求的少数建筑类型之一，设计的匠心不再局限于病房部分的日照规范，更为人性化的设计也体现在各类过渡（连接）空间设计中对光环境的处理，比如在下层诊疗部分与上层住院部分之间设置"阳光房"，以满足一部分无法自如进行户外活动的患者的身心需求；又比如贯通数层的共享绿植空间。

对于红砖这种经典材质进行了创新性使用，尝试其与金属、绳索等其他材料进行混搭而形成具有编织感的表皮，从而更容易创造出新颖的图案与肌理，并且编制的手法也更宜于调整外围护表皮对于室内采光照度的不同要求。这也使本案不仅获得了与既有建筑友好的呼应，而且，也为自身赢得了更为鲜明的个性。

图 7-191 新旧建筑远景

图 7-192 共享绿植空间

图 7-193　面向城市的公共与半公共空间

图 7-194　阳光房

图 7-195　红砖材质的外表皮

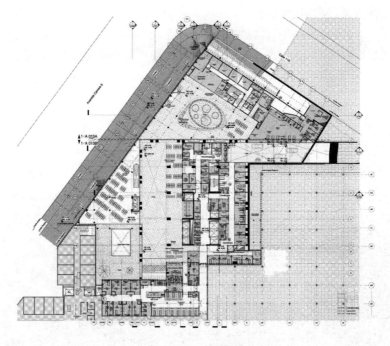

图 7-196 首层平面

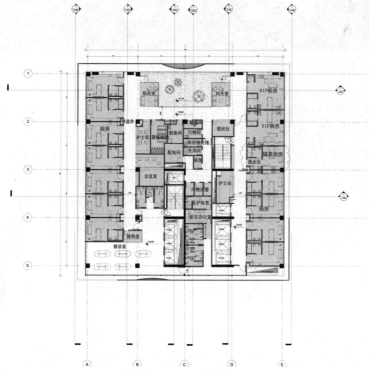

图 7-197 九层平面图

7.7.2 拉什大学医学中心新楼

图 7-198 整体鸟瞰

建 筑 师： Perkins+Will

所在地点： 美国，伊利诺伊州，芝加哥

建筑面积： 77 110m² （386 床）

建成时间： 2012 年

资料来源： http://www.archdaily.com/ 443648/new-hospital-tower-rush- university-medical-center-perkins-will

医院位于大学边缘，是学校更新计划的一部分。建筑共 12 层，下部七层为诊疗康复设施，其上五层为住院部分。其中，出于尽可能多的使病房拥有良好的景观与自然采光，住院部分采用了形似四瓣花的几何形状，同时，这样的平面布置也有利于高效安全地实现内部功能组织。在西侧，则通过一个带有屋顶花园的通高共享大厅与既有医院建筑进行联系。

沿街立面和体量的表达呼应了所处的周边环境。立面简洁但尺度巨大的北立面是为了适应毗邻城市主干道的快速而大量的交通。东立面与整形外科楼共同营造并强化出新建的入口林荫道。南立面实现了底层东侧直线型与上部住院塔楼曲线型的过渡，并且借此打破了完整界面，从而获得了宜人的外部环境尺度。同时南北立面形态的差异也呼应了内部功能空间的不同属性，即简洁直接的内部工作连廊与尺度宜人的公共活动区域。

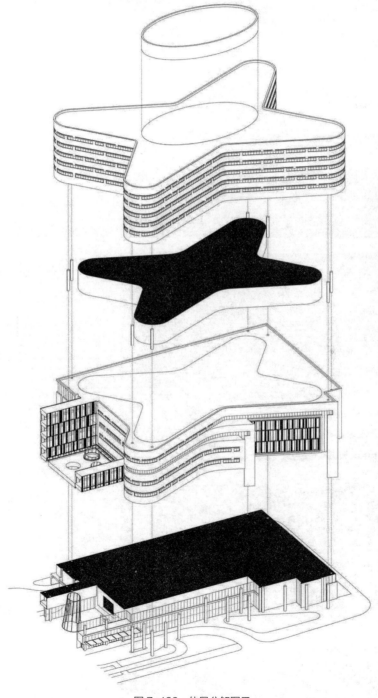

图 7-199　体量分解图示

图 7-200 与既有医院联系的共享大厅

图 7-201 屋顶花园

图 7-202 北立面

图 7-203 南立面

图 7-204　东立面

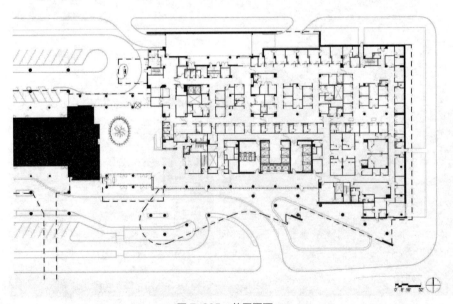

图 7-205　首层平面

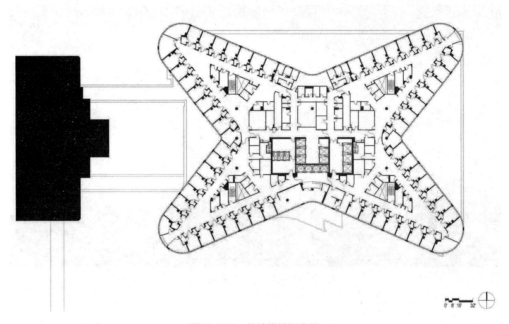

图 7-206　住院塔楼标准层

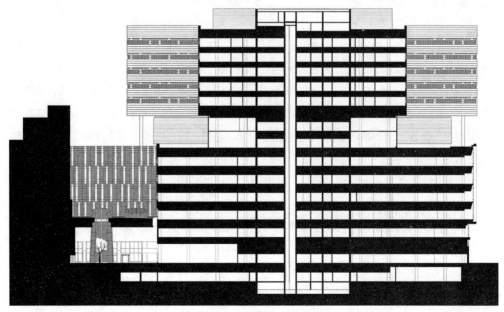

图 7-207　剖面

7.7.3 威海国医院

图 7-208 总体鸟瞰

建 筑 师： GLA 六和设计

所在地点： 中国，山东，威海市环翠区湖东路

建筑面积： 7 980m²

建成时间： 2018 年

图片来源： https://www.archdaily.com/898817/weihai-hospital-of-traditional-chinese-medicine-gla

项目是一处医疗康养综合设施。基地周边大片的黑松林与项目本身的功能性质，促使建筑师以相对分散的布局与尽量"消隐"的建筑来应对，这种总体策略的选择也进一步促成对了"中国北方传统院落的当代性表达"的探索。

基于北方传统四合院尺度与形制的类型化转译，归纳整理出三种院落类型，按照功能流线——加以铺陈，一方面营造出庭院深深的整体意象，另一方面有效避免了不同功能分区之间的干扰，尤其是更贴合医养核心功能对空间品质的需求。

综合应用多种传统造园手法，如对景、借景、留白、水景等，在完成不同功能空间转换的同时，适度打破传统四合院的封闭内向感，增加空间层次，丰富空间体验。此外，不同功能院落还通过不同的围合程度，结合景观设计，营造各具性格的主题化氛围，也可以提高空间的可识别度。

借助新型建材，如铝镁锰直立锁边屋面、钢木结合构件以及耐候性更好的石材，和干净利落的构造处理，使得建筑组群的悬山屋顶具有更为整体和现代的形象。配合分散的总图布局，掩映于黑松林中的整体建筑呈现出舒展和自然的第五立面。

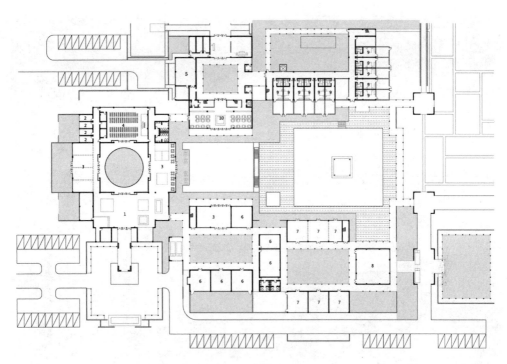

图 7-209 首层平面图
1—大堂；2—办公；3—展厅；4—多功能厅；5—厨房；6—教室；7—健身房；
8—精舍；9—餐厅；10—餐厅

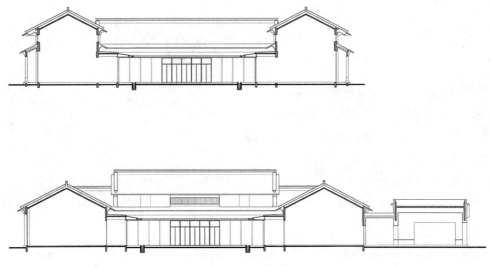

图 7-210 剖面图

图 7-211　入口空间远眺

图 7-212　主庭院

图 7-213　景窗中的主庭院

7.8　宾馆建筑

7.8.1　北京凯莱大酒店

图 7-214　夜景

建 筑 师： 中国建筑科学研究院有限公司

所在地点： 中国，北京，东城区建国门南大街 2 号

建筑面积： 62 805m²（客房 362 间）

建成时间： 2014 年

图片来源： 建筑师

就功能配置与设计手法而言，北京凯莱大酒店都堪称同类设计中较为经典的案例。由于所处区域的城市规划条件规定，该酒店地上部分的体型受到限制，裙房部分平面面积有限，因此，该酒店地下 5 层，其中，地下一、二层为酒店会议与宴会空间，地下三至四层为车库，其他相关辅助用房与酒店设备用房也主要布置在地下层。地上 21 层，其中，顶层为特色餐饮，4 至 20 层为酒店客房，首

层至三层为酒店裙房，主要布置一般酒店建筑功能中的商务与休闲娱乐空间。酒店客房层的布局也较为规则与严正，每层仅东端布置套房，其余均为标准客房，分布于东西向走廊的两侧。

国际酒店管理集团旗下品牌酒店，除了酒店客房的规格与风格皆有定制外，在建筑外部形象的塑造中，着力在城市规划条件的限定性

与酒店品牌形象的标识性之间寻求最佳平衡点。据此，建筑沿用了周边城市肌理的扁长型体量，并且保持了较为完整简洁的立面形象，仅在裙房部分稍加变化，既与该地区整体建筑风貌较为协调，又在近地面部分营造出酒店自身的标志性景观效果。此外，通过建筑整体的灯光设计，使得夜晚的酒店具有了更为清晰但不突兀的品牌识别性。

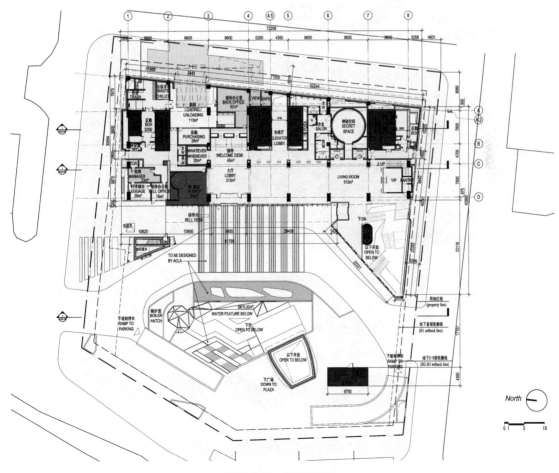

图 7-215　首层平面图

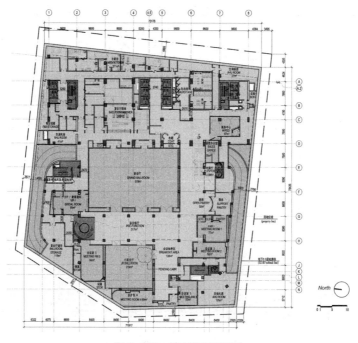

图 7-216　地下二层平面图

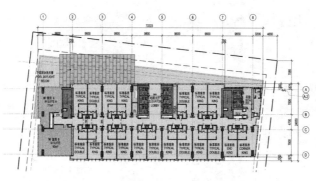

图 7-217　四层平面图

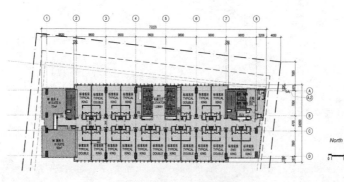

图 7-218　标准层平面图

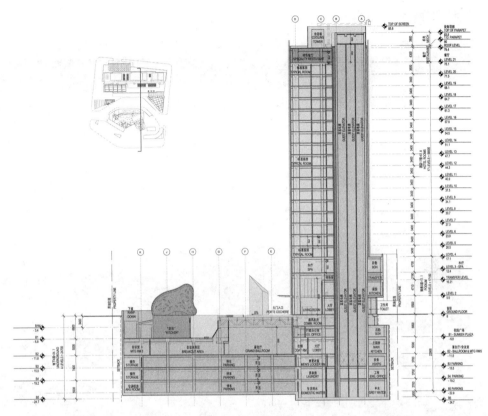

图 7-219　剖面图

图 7-220　远景

7.8.2 梦城酒店

图 7-221 南立面

建　筑　师： Handel Architects

所在地点： 美国，纽约州，纽约市

建筑面积： 17 159m² （316 间客房）

建成时间： 2011 年

图片来源： http：//www.archdaily.com/ 232361/dream-downtown-hotel-handel- architects

　　这是一个在历史建筑保护前提下进行现代功能置换并改扩建的案例。原有建筑主体是 1966 年由阿尔伯特·莱德纳（Albert Ledner）为当时的美国海事联盟设计的总部副楼。在这次改扩建中，建筑师将原有历史建筑立面的开窗形式与外墙贴面肌理加以保留并发展成新建筑北立面的外墙表皮。当阳光照射在银白色的不锈钢表皮上时，大大小

小的圆形深窗就好像飘浮在空中的气泡一般。由此为出发点，进一步将这种圆形母题秩序化，与整个酒店的方方面面结合得恰如其分，比如立面幕墙、遮阳处理、阳台造型等，从而获得了舒服的韵律感、鲜明的标志性、适宜的功能性。

　　功能布局紧凑又不失空间氛围的营造。酒店入口层占满了一个街区的南北向，虽然对于首层不同功能的出入口组织较为有利，但是，考虑到酒店客房的采光与视线安全要求，这样的基地还是稍显局促。为此，建筑师拆除了原有建筑中心部分的上面四层，将客房层设计为南北对峙的两组，其间在入口层的屋顶即引入一个完全露天的室外平台，用以安置室外游泳池，从而平衡了高效利用土地与优质酒店服务的不同需求。

图 7-222　酒店入口

图 7-223　接待区

图 7-224　屋顶泳池

图 7-225　客房内景

图 7-226　立面肌理

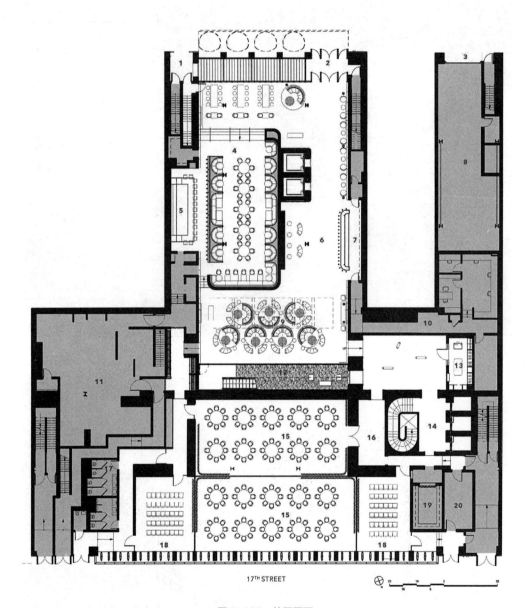

图 7-227　首层平面

1—餐馆入口；2—酒店入口；3—服务入口；4—餐馆；5—餐馆酒吧；6—门厅；7—接待台；
8—坡道；9—大堂休憩区；10—办公；11—厨房；12—花园；13—酒店商店；14—电梯；
15—展厅；16—展厅入口；17—卫生间；18—会议室；19—存衣间；20—行李储存

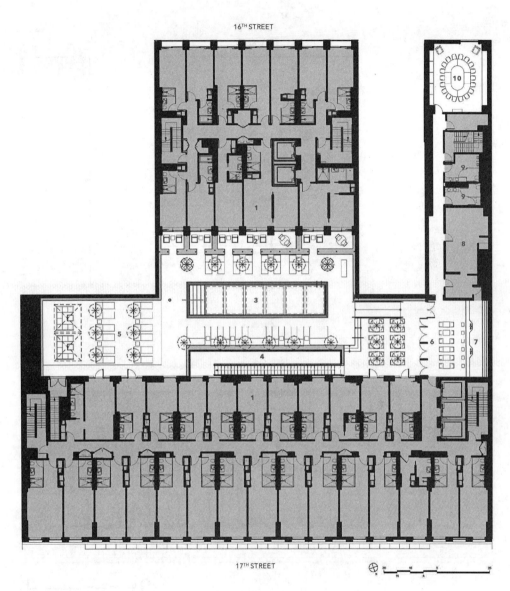

图 7-228　二层平面

1—客房；2—客房私人平台；3—水池；4—花园上空；5—池岸；6—咖啡厅；7—酒吧；
8—厨房；9—卫生间；10—图书室

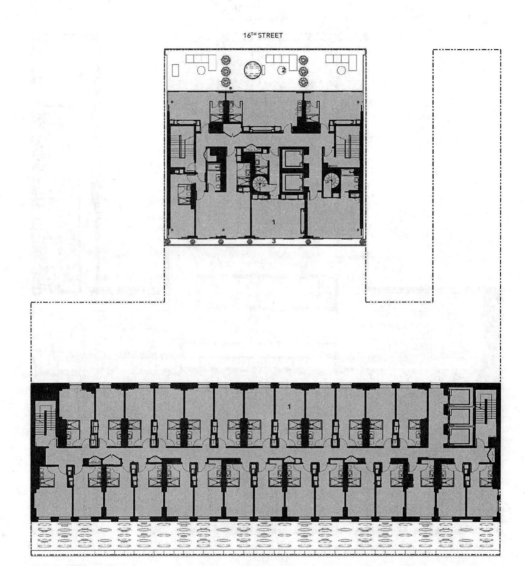

图 7-229 七层平面
1—客房；2—客房平台；3—阳台

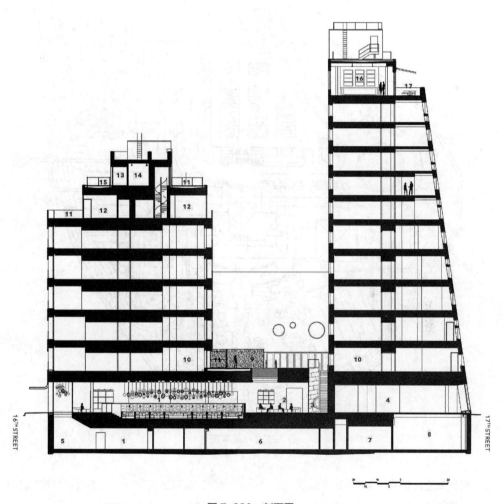

图 7-230 剖面图

1—餐馆；2—门厅；3—花园；4—展厅；5—采光天井；6—餐馆厨房；7—酒店内部空间；8—休息室；
9—水池；10—客房；11—客房平台；12—客房套间；13—阳光房；14—机房；15—平台；
16—屋顶酒吧；17—屋顶平台

7.8.3　海南博鳌金海岸大酒店（中）

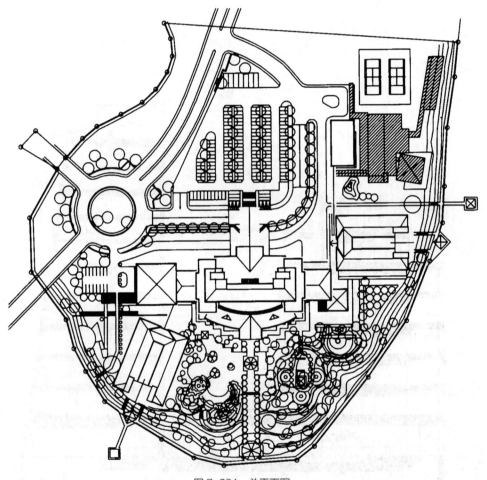

图 7-231　总平面图

设计单位：北京市建筑设计研究院

主要设计人：朱小地　杜松　刘胜
段钧　吴晓梅

用地面积：66 737m²

总建筑面积：22 368m²

设计/竣工时间：1997.5/2000.10

该宾馆位于海南省琼海市博鳌镇，风光秀

丽优美。其基地三面环水，拥有良好的自然环
境景观特色，系五星级宾馆。

在设计构思中力求创造海景的环境条件；
增强宾客观赏海景的情趣。另外，因宾馆地处
亚热带地区，设计中极为重视自然通风和自然
采光，借以提高旅居生活质量。在建筑造型上
密切联系环境特色，做到生动活泼、幽雅大
方、曲折动人的效果。

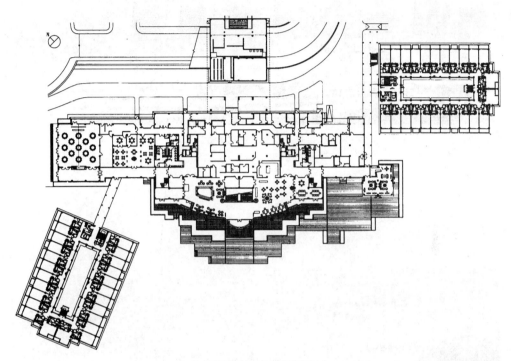

图 7-232　一层平面图

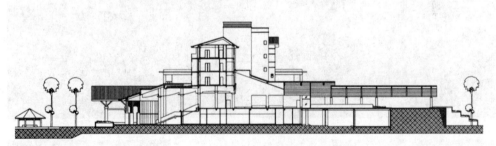

图 7-233　剖面图

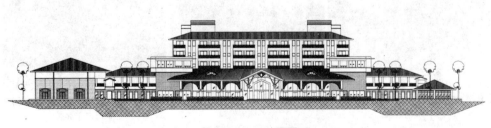

图 7-234　正立面图

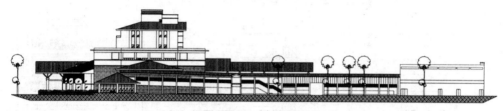

图 7-235　侧立面图

建筑南向景观

室外雕塑景观

室外环境景观

室内大厅景观

图 7-236　海南博鳌金海岸大酒店室内外景观

7.9　商业及综合体建筑

7.9.1　难波公园

图 7-237　全景鸟瞰

建　筑　师：JERDE 捷得事务所
所在地点：日本，大阪
建筑面积：243 800m²
建成时间：2006 年
图片来源：https://www.jerde.com/
places/detail/namba-parks

难波公园是一个城市更新的成功案例，项目包括一座 30 层的办公塔楼和一个综合性的商业中心，而其标志性的特征则是跨越多个街区、逐层跌落达 8 层高的充满自然野趣的屋顶花园。

基于区域现状的设计解答。基地形状苛刻，现状杂乱，是城市中的典型的边缘地带，既要有效疏导交通枢纽所带来的大量人流，又要带动盘活既有商业综合体。采用仿自然形态的"古巴比伦空中花园"式方案，不仅可以获得独树一帜的形象，更重要的是能够最大限度地疏解人流与弥合现状，同时也提供了一处充满吸引力和包容度的城市空间。

开放而友好的城市空间。设计精巧且实用的屋顶花园、贯穿基地的步行"峡谷"让分布于整个综合体建筑中的诸多出入口能够各得其所、各司其职，漫步其间，完全不会感到置身于传统大型商场中的迷失与逼仄。同时，这样的设计也尽可能地增加了经营场所与城市、人流的接触面，对于综合体的整体运营具有非常积极的意义。

符合商业氛围的空间设计。外观奇巧的体量处理也为建筑本身的室内外空间组织提供了更多的可能。不管是模仿美国羚羊谷的步行"峡谷"的界面处理，还是不同体块间在不同标高处的连接与过渡，难波公园都为人们的视觉、交往、休憩等多种行为需求提供了有趣而丰富的承载空间，公园、花园与现代感的建筑融为了一体。

图 7-238　步行"峡谷"鸟瞰

图 7-239　屋顶花园步道

图 7-240　屋顶花园夜景

图 7-241　步行"峡谷"底层

图 7-242　散布与不同标高花园平台的建筑入口

图 7-243　难波公园全景远眺

图 7-244　步行"峡谷"仰视

7.9.2　纽约苹果旗舰店

图 7-245　透过入口看中央公园（图片来源：https://bcj.com/projects/apple-store-fifth-avenue-new-york）

建　筑　师：Bohlin Cywinski Jackson 建筑事务所

所在地点：美国，纽约州，纽约市五十七街和第五大道路口

建筑面积：2 973m²

建成时间：2006 年

图片来源：除标注外，均为自摄

品牌旗舰店是 21 世纪涌现出的一类特殊的商业建筑。日本东京表参道商业街上分布的一系列出自知名建筑师之手的奢侈品牌旗舰店，曾经一度成为人们的朝圣之地。这类建筑一般面积不大，活着独立建设活着附设于大型综合商场内，但是都通过建筑设计强烈地传达出特定的品牌理念，大多与品牌所经营的产品风格一脉相承，具体而言就是特色鲜明的建筑形象与相得益彰的内部空间营造。

苹果旗舰店的建筑设计一般会在一定程度上反映出所在的国家、地域的文化特点，但其设计理念的核心却来自与其产品一贯以来所追求的纯粹、高技以及界面的友好性。这座位于美国纽约第五大道的旗舰店完美地诠释了上述品牌特点。

简洁而充满未来感的入口空间。旗舰店位于寸土寸金的第五大道端部广场，只能将绝大部分营业面积置于地下，仅一个透明的玻璃立方体突出地面，既在体量上获得最大限度的消隐，又由于其完全区别于周围建筑的体量塑造手法而充满标识性。

图 7-246　在周边建筑面前的消隐

图 7-247　入口玻璃旋转楼梯（图片来源：https://bcj.com/projects/apple-store-fifth-avenue-new-york）

图 7-248　地下营业空间

图 7-249　玻璃楼梯俯视

图 7-250　透过入口屋顶仰望周边建筑

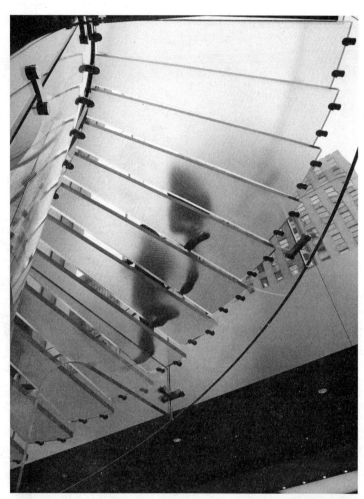

图 7-251　玻璃楼梯底部

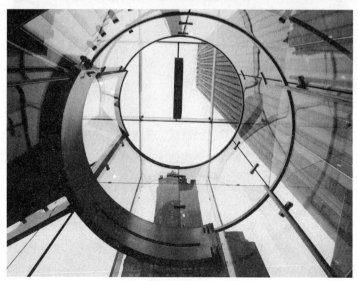

图 7-252　玻璃顶棚

7.9.3 侨福芳草地

图 7-253 东南面夜景鸟瞰

建 筑 师：北京市建筑设计研究院有限公司第四设计院

所在地点：中国，北京，朝阳区东大桥路9号

建筑面积：约 20 万 m²，其中，办公 8.2 万 m²，酒店 1.2 万 m²，商场 5 万 m²

建成时间：2010 年

资料来源：建筑师

侨福芳草地项目是综合体建筑大尺度多功能的特点在空间组织和体量整合上的设计回应。

1）化整为零、分层而"至"。两高两矮四个相对独立的建筑体量避免了同等规模完整体量所带来的诸多采光、通风等的弊端，为后续展开绿色设计提供了更大机会；不同功能（办公、酒店与商场）借助可靠的电梯系统在竖向上实现了分层而"至"，从而最大限度地满足了流线组织与空间设计的多变要求。

2）合理集约的场地设计。基于上述功能配置的考量，不同功能块的出入口、建筑体量均需要有条不紊地在并不富余的场地上加以排布。通过低于周边城市道路约 9m 的下沉花园，将进出建筑的可能在竖向上得以拓展；充分利用既有城市道路，通过内部道路快速有效的疏导车流；利用不同功能的运营特点，如采光通风要求，合理安置各功能块在场地中的具体位置与朝向。

3）富于想象的共享空间。借助一道钢、玻璃与充气 EFFE 窗帘一体的"环保罩"，建筑的共享空间成为拥有自然采光的全天候中庭；24m 宽且贯通建筑各层的 L 形中庭，通过在周边建筑实体中结合特定空间组织要求设置穿插错落的空中花园、露台与廊桥，形成了体验丰富的大尺度共享空间；同时，城市建筑公共性也通过上述这些公共和半公共空间得以体现，进而使得此地成为"城市的起居室"。

4）在限制中的有机生成。建筑师从"必须利用一切可用的土地"的想法出发，在城市规划对于建筑檐口高度和周边建筑最小日照时间的限定条件下，通过建筑体量东南高西北低的整体策略，既满足了上述限制，还使得并不宽裕的基地完美地容纳下了 20 万 m² 的多功能使用。

5）切实践行绿色设计理念。作为我国第一个获得 LEED 铂金级认证的商业综合体项目，侨福芳草地在项目全过程不遗余力地贯彻绿色设计理念及相关措施。外层一圈将四个建筑体量完全包裹起来的"环保罩"，形态上呈东南高西北低的三角形，并不简单的充当整个综合体的外表皮，更是货真价实的防护壳，有效地隔绝着外部环境的不利因素，同时借助智能调控保障了建筑室内环境的品质。屋顶花园的设置，不仅在丰富空间层次的同时兼顾了使用者的体验与感受，而且还为营造"环保罩"内良好的微气候做出了贡献。各建筑体块内部设置自然通风竖井，从而与"环保罩"共同在室外与室内之间形成两道过滤通路，既促进了室内自然通风，又避免了过多的能量损耗。

图 7-254　办公区公共空间

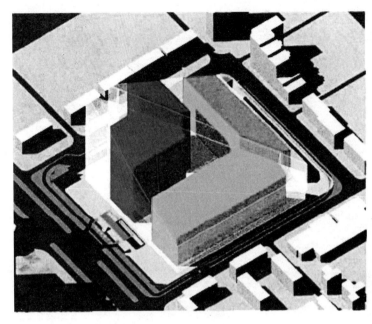

图 7-255　功能与体块关系

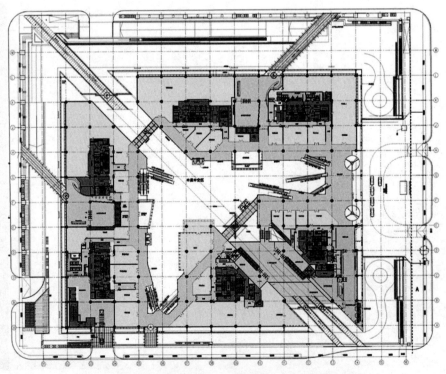

图 7-256　首层平面图（商场层与办公、酒店的入口层）

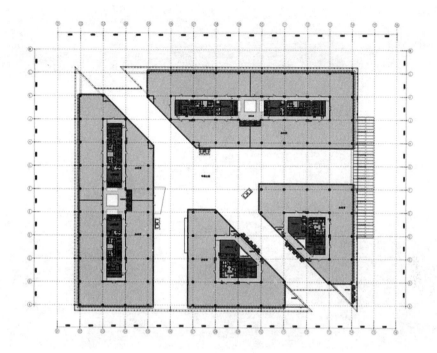

图 7-257　三层平面图（办公层）

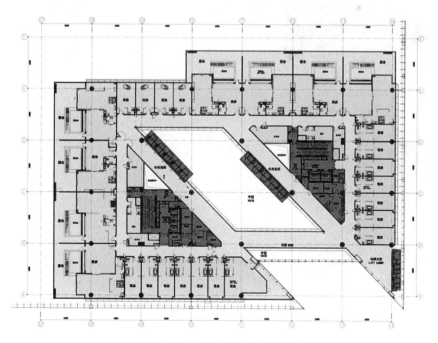

图 7-258　十四层平面图（酒店层）

图 7-259　东南面鸟瞰

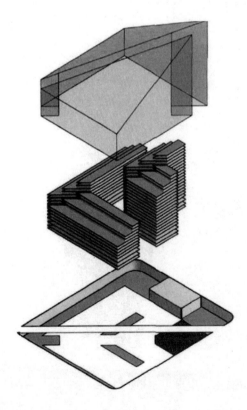

图 7-260　环保罩与建筑、场地的关系

图 7-261 中庭内景 1

图 7-262 中庭内景 2

图 7-263 酒店大堂

图 7-264　东北面鸟瞰（屋顶檐口高度与北侧周边建筑的关系）

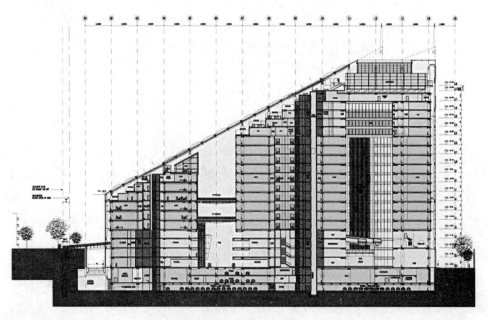

图 7-265　剖面图

参考文献

[1] 王小荣，贾巍杨，李伟等. 无障碍设计（第二版）[M]. 北京：中国建筑工业出版社，2019.

[2] 中国建筑学会. 建筑设计资料集 第 8 分册 [M]. 北京：中国建筑工业出版社，2017.

[3] 周文麟. 城市无障碍环境设计 [M]. 北京：科学出版社，2000.

[4]《建筑节点构造图集》编委会. 建筑节点构造图集—无障碍设施 [M]. 北京：中国建筑工业出版社，2008.

[5]（英）詹姆斯·霍姆斯·西德尔，塞尔温·戈德史密斯. 无障碍设计 [M]. 孙鹤等译. 大连：大连理工大学出版社，2002.

[6]（日）高桥义平. 无障碍建筑设计手册 [M]. 陶新中译. 北京：中国建筑工业出版社，2003.

[7]（日）日本建筑学会. 无障碍建筑设计资料集成 [M]. 杨一帆等译. 北京：中国建筑工业出版社，2006.

拓展阅读

[1] 彭一刚. 建筑空间组合论 [M]. 北京：中国建筑工业出版社，2008.

[2] 程大锦，刘丛红. 建筑：形式、空间和秩序 [M]. 天津：天津大学出版社，2005.

[3] 保罗·拉索. 图解思考 [M]. 邱贤丰，刘宇光，郭建青译. 北京：中国建筑工业出版社，2002.

[4] 伯纳德·卢本等. 设计与分析 [M]. 天津大学出版社，2021.

[5] 赫茨伯格. 建筑学教程：设计原理 [M]. 仲德崑译. 天津：天津大学出版社，2003.

[6] 赫茨伯格. 建筑学教程 2：空间与建筑师 [M]. 仲德崑译. 天津：天津大学出版社，2003.

[7] 德普拉译斯. 建构建筑手册：材料 过程 结构 [M]. 大连：大连理工大学出版社，2007.

[8] 扬·盖尔. 交往与空间 [M]. 何人可译，北京：中国建筑工业出版社，2002.

[9] 顾大庆，柏庭卫. 建筑设计入门 [M]. 北京：中国建筑工业出版社，2010.

[10] 芦原义信. 外部空间设计 [M]. 南京：江苏凤凰文艺出版社，2017.

案例学习网络资源推荐

[1] http://www.archdaily.com

[2] https://www.gooood.cn/

[3] http://www.ikuku.cn